农业农村人才学习培训系列教材

家庭农场经营管理实务

中共农业农村部党校
农业农村部管理干部学院 编著

中国农业出版社
北 京

《家庭农场经营管理实务》

编　写　组

主　　编：向朝阳

策　　划：闫　石

统　　稿：于占海　邵　科　张晓爽

参编人员：曹曦东　康晨远　邵　科　孙超超

杨　钢　杨佳雯　杨艳文　张晓爽

周忠丽

写在前面的话

教材是培训教学的基础载体，是培训教学组织的基本规范，是培训教学活动的基干要件，是培训教学研究水平的重要体现。《干部教育培训工作条例》《2018—2022年全国干部教育培训规划》明确提出，要加强教材建设，开发一批适应干部人才履职需要和学习特点的培训教材和基础性知识读本；各地区各部门各单位结合实际，开发各具特色、务实管用的培训教材，根据形势任务变化及时做好更新。

多年来，农业农村部管理干部学院（中共农业农村部党校）始终坚持深入贯彻党中央关于干部教育培训工作决策部署，以宣传贯彻习近平新时代中国特色社会主义思想、助力实施乡村振兴战略为己任，把教材建设作为夯实培训基础能力、推进培训供给侧结构性改革的重要抓手，把创编什么教材同培训什么人、怎样培训人、办什么班、开什么课、请什么人讲联动起来，把组织编写、推广使用培训教材同教学、管理队伍建设结合起来，系统提升办学办训能力。围绕走中国特色农业农村现代化道路、全面推进乡村振兴，编写出版了“三农”理论政策、现代农业发展、农业农村法治、农民合作社发展、农业财务管理等方面特色教材50余本，得到了广大学员、同行的普遍好评。

党的二十大报告强调指出，全面建设社会主义现代化国家，最艰巨最繁重的任务仍然在农村；要加快建设农业强国，扎实推动乡村产业、人才、文化、生态、组织振兴。功以才成、业由才广。全面推进乡村振兴，建设宜居宜业和美乡村，需要着眼人才“第一资源”的基础性、战略性支撑作用，培育、汇聚一大批高素质人才，推动开辟发展新领域新赛道、塑造发展新动能新优势，带动实现农业强、农村美、农民富。适应新时代新征程要求，培养造就一支懂农业、爱农村、爱农民的“三农”工作队伍，建设一支政治过硬、本领过硬、作风过硬的乡村振兴干部队伍，如何更好发挥教育培训的先导性、基础性、战略性作用，是一个必须回答好的新课题。

高质量教育培训离不开高水平教材的基础支撑。我们把2022年定为“教材建设年”，以习近平总书记关于“三农”工作重要论述为指引，发挥我院在相关领域的专业积累优势，系统谋划、专题深化，组织编写“农业农村人才学习培训系列教材”。重点面向农村基层组织负责人、农业科研人才、农业企业家、农业综合行政执法人员、农民合作社带头人及农民合作社辅导员、家庭农场主、农村改革服务人才、农业公共服务人才等乡村振兴骨干人才，提供政策解读和实践参考。编写工作遵循教育培训规律，坚持理论联系实际，注重体现时代特点和实践特色，努力做到针对性与系统性、有效性与规范性、专业性与通俗性、综合性与原创性的有机统一。该系列教材计划出版10本，在农业农村部相关司局指导下，由我院骨干教师为主编写，每本教材都安排试读试用并吸收了一些学员、部分专家的意见建议，以保证编写质量。

我们期待，本系列教材能够有效满足读者的学习成长需要，为助力乡村人才振兴发挥应有作用。

向朝阳

2022年12月

前　言

家庭农场是指以家庭经营为基本经营单元，以农场生产经营为主业，以农场经营收入为家庭主要收入来源，从事农业规模化、标准化、集约化生产经营的新型农业经营主体。党中央、国务院高度重视家庭农场培育发展，习近平总书记多次作出重要指示，强调要突出抓好家庭农场和农民合作社两类农业经营主体发展。2019 年，经国务院同意，中央农村工作领导小组办公室、农业农村部等 11 部门和单位联合印发《关于实施家庭农场培育计划的指导意见》，对加快培育发展家庭农场作出总体部署。2022 年，为加快推动新型农业经营主体高质量发展，农业农村部印发《关于实施新型农业经营主体提升行动的通知》，明确了建立家庭农场规范运营制度。

家庭农场政策体系和管理制度逐步完善，有效助力了我国家庭农场的快速发展，家庭农场数量稳步增长，产业经营更加多元，发展模式更加多样，生产经营规模化、标准化、集约化程度不断提高，经营效益稳步提升，经营管理更加规范，在巩固和完善农村基本经营制度、提高农业综合效益和竞争力、推动乡村振兴等方面发挥着重要作用。

我国家庭农场发展虽然取得了初步成效，但总体仍处于起步阶段，还存在数量偏少、质量不高、带动能力不强、风险防范能力不足等问题。为帮助广大家庭农场主准确理解和把握最新农业农村政策法规，推进规范运营和创新发展，提高经营效益，增强市场竞争力，农业农村部管理干部学院组织编写本教材。教材主要围绕家庭农场概述、登记管理与破产清算、支持政策、创新发展、财务管理、人才培养和国际经验等内容展开编写，期待能对家庭农场主，以及指导服务家庭农场的干部和专家起到指导作用。

本书编写组

2023年7月

目　录

第 1 章　家庭农场概述

随着新型工业化、信息化、城镇化进程加快，农村劳动力大量进入城镇就业，农村 2 亿多承包农户就业和经营状态不断发生变化，"未来谁来种地、怎样种好地"问题日益凸显。家庭农场在承包农户的基础上孕育而来，是现阶段我国农业生产小农户分散经营向适度规模经营过渡和发展的现实选择，在破解"谁来种地"难题、提升农业生产经营效率等方面发挥着越来越重要的作用。

一、家庭农场的概念

家庭农场在欧美等发达国家已有几百年的发展历史，而在我国真正发展的历史并不长，目前仍处于起步发展阶段。2008 年，"家庭农场"概念首次写入中央文件，党的十七届三中全会通过的《中共中央关于推进农村改革发展若干重大问题的决定》强调，要发展多种形式的适度规模经营，"有条件的地方可以发展专业大户、家庭农场、农民专业合作社等规模经营主体"。2013 年中央 1 号文件《中共中央　国务院关于加快发展现代农业　进一步增强农村发展活力的若干意见》进一步把家庭农场明确为新型农业经营主体的重要形式，并对扶持和培育家庭农场发展作出了要求。

为明确政策指向，更好地为家庭农场提供指导扶持服务，农业农村部对家庭农场概念的内涵做了界定并不断予以完善。2013 年，农业部办公厅印发《关于开展家庭农场调查工作的通知》，明确家庭农场是指以家庭成员为主要劳动力，从事农业规模化、集约化、商品化生产经营，并以农业为主要收入来源的新型农业经营主体。2014 年，农业部印发《关于促进家庭农场发展的指导意见》，指出家庭农场作为新型农业经营主体，以农民家庭成员为主要劳动力，以农业经营收入为主要收入来源，利用家庭承包土地或流转土地，从事规模化、集约化、商品化农业生产。同时规定，现阶段，家庭农场经营者主要是农民或其他长期从事农业生产的人员。2014 年，中共中央办公厅、国务院办公厅印发的《关于引导农村土地经营权有序流转发展农业适度规模经营的意见》提出，重点培育以家庭成员为主要劳动力、以农业为主要收入来源，从事专业化、集约化农业生产的家庭农场。2019 年，经国务院同意，中央农村工作领导小组办公室、农业农村部等 11 部门和单位联合印发《关于实施家庭农场培育计划的指导意见》，指出家庭农场以家庭成员为主要劳动力，以家庭为基本经营单元，从事农业规模化、标准化、集约化生产经营，是现代农业的主要经营方式。在前述相关通知和政策文件基础上，2021 年，农业农村部农村合作经济指导司印发《关于做好 2021 年度农村合作经济统计年报工作的通知》，对家庭农场概念内涵进行了更新，明确家庭农场是指以家庭经营为基本单元，以农场生产经营为主业，以农场经营收入为家庭主要收入来源，从事农业规模化、标准化、集约化生产经营的新型农业经营主体。2022 年，为加快推动新型农业经营主体高质量发展，农业农村部又印发了实施新型农业经营主体提升行动的通知，明确了建立家庭农场规范运营制度。

综上所述，家庭农场的概念内涵虽然在不断完善，但其核心本质并未改变，即以家庭为基本经营单元，以农场生产经营为主业，以农场经营收入为家庭主要收入来源。

二、家庭农场的类型

（一）按照经营规模划分

根据《中国农村政策与改革统计年报（2020 年）》，按照经营规模（年经营总收入），家庭农场可分为微型家庭农场（年经营总收入 5 万元以下）、小型家庭农场（年经营总收入 5 万～20 万元）、中型家庭农场（年经营总收入 20 万～50 万元）、大型家庭农场（年经营总收入 50 万～100 万元）和超大型家庭农场（年经营总收入 100 万元以上）。

2021 年，农业农村部农村合作经济指导司印发的《关于做好 2021 年度农村合作经济统计年报工作的通知》将家庭农场的经营规模更新为四类，依次为 10 万元以下、10 万～30 万元、30 万～50 万元、50 万元以上，取消了微、小、中、大、超大型家庭农场的说法。

（二）按照行业类型划分

根据《中国农村政策与改革统计年报（2020 年）》，按照家庭农场行业分布，家庭农场可分为农业（种植业）家庭农场、林业家庭农场、畜牧业家庭农场、渔业家庭农场、种养结合型家庭农场和其他类型家庭农场。其中，农业（种植业）家庭农场指的是从事粮食作物、经济作物、园艺作物等农作物生产的家庭农场，林业家庭农场指的是通过栽培林木以获取木材、林产品及其加工品的家庭农场，畜牧业家庭农场指的是从事畜牧养殖和繁殖的家庭农场，渔业家庭农场指的是从事水产养殖、繁育的家庭农场，种养结合家庭农场指的是综合开展种植业、畜牧业生产经营的家庭农场，其他家庭农场指的是从事种植业、畜牧业、渔业、种养结合类家庭农场以外的家庭农场。

2021 年，农业农村部农村合作经济指导司印发《关于做好 2021 年度农村合作经济统计年报工作的通知》，新增了农业服务业家庭农场这一类型，并对除其他类型家庭农场以外的各类型家庭农场的定义作了进一步细化阐释。其中，种植业家庭农场是指从事粮食作物、经济作物、园艺作物等农作物生产经营为主的家庭农场；畜牧业家庭农场是指从事畜禽繁育养殖，畜产品、牧草、饲料生产、加工、销售等为主的家庭农场；渔业家庭农场是指从事水产繁育、养殖及捕捞，渔产品生产、加工、销售等为主的家庭农场，包括海水渔业和淡水渔业；林业家庭农场是指从事林木栽培或林区管护，木材、林产品、林下产品生产、加工、销售等为主的家庭农场；种养结合家庭农场是指综合开展种植业、养殖业生产经营的家庭农场；农业服务业家庭农场是指以为其他农业生产经营者提供服务为主的家庭农场。

三、培育发展家庭农场的重大意义

培育发展家庭农场有利于进一步解放和发展农村社会生产力，转变农业发展方式，促进家庭经营专心务农、专业务农，丰富和完善农村经营体制。在承包农户基础上孕育出来的家庭农场，既保留了农户家庭经营的内核，能发挥家庭经营的独特优势，又能克服承包农户规模和能力的不足，具有旺盛的生命力。加快构建以农户家庭经营为基础、合作与联合为纽带、社会化服务为支撑的立体式复合型现代农业经营体系，是当前巩固和完善农村基本经营制度的重要方向。

培育发展家庭农场有利于提高农业集约化、专业化、组织化和社会化经营水平，加快农业现代化进程，促进农民增收。家庭农场对市场反应灵敏，对新品种新技术新装备采用能力强，愿意践行绿色化生产、集约化经营，勇于从事新产业新业态新模式，是为农业农村注入新动能、保持新活力的重要源泉，是破解小农经济瓶颈、增强现代农业发展后劲的有效途径。同时，家庭农场具有较高的专业化生产水平和商品性农产品生产能力，也势必会成为今后商品性农产品特别是大宗农产品的主要提供者。

培育发展家庭农场有利于促进工业化、城镇化快速发展，适应大量农村劳动力进城务工就业，培育高素质农民，提高农业劳动生产率，减轻对农村劳动力的总体需求，推动农村经济发展。与传统农户相比，家庭农场具备专业务农、集约生产、规模适度等特征，具有较高的土地产出率、资源利用率和劳动生产率，能够实现资源要素的最优配置，在统一生产资料供应、技术服务、质量标准和营销运作方面具有一定优势。针对当前农业兼业化、农村空心化、农民老龄化等现实问题，加快培育家庭农场能够有效破解“未来谁来种地、怎么种好地”的难题。

四、培育发展家庭农场的基本方针

培育发展家庭农场，要以开展家庭农场示范创建为抓手，以建立健全指导服务机制为支撑，以完善政策支持体系为保障，实施家庭农场培育计划，按照“发展一批、规范一批、提升一批、推介一批”的思路，加快培育出一大批规模适度、生产集约、管理先进、效益明显的家庭农场，为促进乡村全面振兴、实现农业农村现代化夯实基础。

培育发展家庭农场，需要把握好以下基本原则：

1. 坚持农户主体

坚持家庭经营在农村基本经营制度中的基础性地位，鼓励有长期稳定务农意愿的农户适度扩大经营规模，发展多种类型的家庭农场，开展多种形式合作与联合。

2. 坚持规模适度

引导家庭农场根据产业特点和自身经营管理能力，实现最佳规模效益，防止片面追求土地等生产资料过度集中，防止“垒大户”。

3. 坚持市场导向

遵循家庭农场发展规律，充分发挥市场在推动家庭农场发展中的决定性作用，加强政府对家庭农场的引导和支持。

4. 坚持因地制宜

鼓励各地立足实际，确定发展重点，创新家庭农场发展思路，务求实效，不搞一刀切，不搞强迫命令。

5. 坚持示范引领

发挥典型示范作用，以点带面，以示范促发展，总结推广不同类型家庭农场的示范典型，提升家庭农场发展质量。

为加快推动新型农业经营主体高质量发展，2022 年 3 月，农业农村部印发《关于实施新型农业经营主体提升行动的通知》，提出要突出抓好农民合作社和家庭农场两类农业经营主体发展，着力完善基础制度、加强能力建设、深化对接服务、健全指导体系，推动由数量增长向量质并举转变，为全面推进乡村振兴、加快农业农村现代化提供有力支撑。

五、家庭农场的发展现状与成效

近年来，各地各有关部门认真贯彻中央要求，积极作为、多措并举，家庭农场生产经营规模化、标准化、集约化程度不断提高，经营效益进一步提升，但总体仍处于起步阶段。

（一）家庭农场发展的工作体系基本形成

一是政策体系基本建立。相关部门先后印发《关于实施家庭农场培育计划的指导意见》《新型农业经营主体和服务主体高质量发展规划（2020—2022 年）》《关于实施新型农业经营主体提升行动的通知》，相继召开促进家庭农场和农民合作社高质量发展工作推进会、全国家庭农场高质量发展工作推进视频会议、全国家庭农场工作座谈会，对家庭农场培育发展作出了全面部署。

二是支持服务不断优化。近年来，中央财政通过农业生产发展资金大力支持新型农业经营主体高质量发展。支持县级以上农民合作社示范社（联合社）和示范家庭农场（脱贫地区适当放宽条件）改善生产条件，应用先进技术，提升规模化、集约化、标准化、信息化生产能力。农业农村部指导各地将家庭农场认定管理调整为名录管理，分级建立家庭农场名录制度，把有意愿的种养大户、专业大户等农业规模经营户核实纳入家庭农场范围。依托全国家庭农场名录系统开展统计和抽样调查，家庭农场名录制度逐步健全、应用领域不断拓展。全面实行家庭农场"一码通"管理服务机制，不断提升家庭农场管理服务信息化水平。目前已有超过 14 万个家庭农场获得赋码。组织开发家庭农场"随手记"记账软件，免费提供给家庭农场使用，实现家庭农场生产经营数字化、财务收支规范化、销量库存即时化。

三是示范创建实现全覆盖。部、省、市、县四级共同发力，探索构建家庭农场示范创建体系。示范家庭农场创建实现 31 个省（自治区、直辖市）全覆盖。截至 2021 年底，县级及以上示范家庭农场近 17 万个。农业农村部连续四年开展全国家庭农场典型案例征集推介活动，各地积极跟进，有力营造了引领带动家庭农场发展的浓厚氛围。

（二）家庭农场蓬勃发展势头良好

一是家庭农场数量稳步增长。截至 2021 年底，全国农业农村部门名录管理家庭农场达 391.4 万个，比上年增加 43.4 万个，增长 12.5%。

二是行业分布更加多元。纳入名录系统的 391.4 万个家庭农场中，从事种植业的家庭农场 261.1 万个，占家庭农场总数的 66.7%；从事畜牧业的家庭农场 70.6 万个，占比 18.0%；从事种养结合、渔业、林业、农业服务业的家庭农场分别为 29.9 万个、18.7 万个、2.0 万个、1.6 万个，占比分别为 7.6%、4.8%、0.5%、0.4%。

三是经营规模适度。全国家庭农场经营土地面积 6.7 亿亩[①]。2021 年，全国家庭农场经营总收入 11 947.6 亿元，半数以上家庭农场年经营收入 10 万～50 万元。

① 亩为非法定计量单位，1 亩=1/15 公顷。——编者注

四是种粮家庭农场持续稳定发展。截至 2021 年底，种粮家庭农场达 154.5 万个，占家庭农场总数的 39.5%；粮食作物种植面积 2.24 亿亩，平均每个家庭农场经营土地面积 145.1 亩，同比增长 12.5%。

【本章参考文献】

农业部，2017. 关于促进家庭农场发展的指导意见［EB/OL］. http：//www. moa. gov. cn/nybgb/2014/dsanq/201712/t20171219_6105426. htm.

农业部，2013. 开展家庭农场调查［EB/OL］. https：//www. chinanews. com. cn/cj/2013/03－21/4663915. shtml.

农业农村部，2022. 关于实施新型农业经营主体提升行动的通知［EB/OL］. http：//www. moa. gov. cn/govpublic/NCJJTZ/202203/t20220325_6394049. htm.

农业农村部农村合作经济指导司，2021. 关于做好 2021 年度农村合作经济统计年报工作的通知［EB/OL］. http：//nync. shandong. gov. cn/zwgk/tzgg/tfwj/202112/P020211209579706816987. pdf.

农业农村部农村合作经济指导司，2022. 中国农村合作经济统计年报（2021 年）［M］. 北京：中国农业出版社.

农业农村部政策与改革司，2021. 2020 年中国农村政策与改革统计年报［M］. 北京：中国农业出版社.

王纪峰，翟光辉，2023. 家庭农场高质量发展　勾画农业强国中国特色风景线［J］. 中国农民合作社（7）：8－9.

赵阳，2020. 家庭农场高质量发展［M］. 北京：人民出版社，7－9.

中共中央，国务院，2013. 关于加快发展现代农业　进一步增强农村发展活力的若干意见［EB/OL］. http：//www. gov. cn/gongbao/content/2013/content_2332767. htm.

中共中央，2008. 关于推进农村改革发展若干重大问题决定［EB/OL］. http：//www. gov. cn/jrzg/2008－10/19/content_1125094. htm.

中共中央办公厅，国务院办公厅，2014. 关于引导农村土地经营权有序流转发展农业适度规模经营的意见［EB/OL］. http：//www. gov. cn/xinwen/2014－11/20/content_2781544. htm.

中央农村工作领导小组办公室、农业农村部等 11 部门和单位，2019. 关于实施家庭农场培育计划的指导意见［EB/OL］. http：//www. moa. gov. cn/gk/zcfg/nybgz/201909/t20190909_6327521. htm.

第 2 章　家庭农场的登记管理与破产清算

“十三五”以来，家庭农场政策体系和管理体制得到进一步完善，家庭农场数量稳步增长，在提高农业综合效益和竞争力、推动乡村振兴等方面发挥着重要作用。但家庭农场发展阶段还面临政策体系不健全、管理制度不规范、服务体系不完善等问题，其中，完善家庭农场登记管理制度成为其中一项重要的工作。2019 年，中央农村工作领导小组办公室、农业农村部等 11 部门和单位联合印发的《关于实施家庭农场培育计划的指导意见》部署要求，完善登记和名录管理制度是培育发展家庭农场的举措之一。2022 年，农业农村部印发的《关于实施新型农业经营主体提升行动的通知》提出，依托全国家庭农场名录系统实行家庭农场名录管理制度，开展家庭农场统一赋码工作。对农户而言，熟悉注册登记制度、明晰破产清算程序，是注册登记家庭农场、发展壮大农场业务所需要掌握的基础知识。对政府部门而言，通过注册登记制度、名录管理、破产清算等各项工作，可以摸清家庭农场底数，提升指导服务扶持家庭农场工作的精准性，夯实家庭农场各项工作的基础性任务，对培育发展家庭农场意义重大。

一、创建与登记

2021 年 4 月 14 日，国务院第 131 次常务会议通过《中华人民共和国市场主体登记管理条例》，自 2022 年 3 月 1 日起施行。家庭农场在创建后，作为市场经营主体，可以根据需要到市场监督管理部门进行注册登记。

（一）创建

要创建一个家庭农场，首先要综合考虑当地资源条件、行业特征、农产品品种特点等，确定从事的具体产业类型、产业规模、生产产品种类等，开展适度规模经营，取得最佳规模效益。其中，要“坚持以实现最佳规模效益为目标”，不以规模论英雄，而以效益论英雄。具体来说，有以下几个方面需要关注。

1. 关于经营规模

规模问题是家庭农场发展的首要问题，其他许多问题都由其衍生或与之相关。现代家庭农场规模经营是指农业生产经营主体在既定资源禀赋、经济社会发展水平、人地关系等客观条件下，突破土地、劳动力、资金等要素制约，通过要素组合、服务集中、经营合作、技术创新和管理提升等，获得规模经济效益。

种植传统大田作物不同于种植蔬菜、水果，在地广人稀的东北平原也不同于地少人多的西南山地，技术装备条件、社会化服务水平等都是家庭农场规模的制约因素。在其他条件一定的情况下，家庭农场规模最重要的限制因素是家庭劳动力的数量。2022 年，农业农村部调研了全国 14 741 个种粮家庭农场，从经营收入、土地产出率和家庭农场主期望三个维度进行研究测算，得出了不同家庭农场的适度经营规模。从经营收入维度看，以家庭农场人均净收入达到所在省份城镇居民人均可支配收入的 80%作为参考标准，以中部地区每年种植小麦和玉米各一茬的家庭农场为例，其适度经营规模为 120 亩；而南部地区采用“早稻＋晚稻”种植模式的家庭农场，其适度经营规模为 144 亩。另据联合国粮农组织的研究数据显示，经济作物不低于 170 亩、粮食作物不低于 300 亩的农业经营规模才具有国际竞争力。

总之，家庭农场的经营规模不是越大越好，应该以适度规模为主，追求最佳规模效益，家庭农场主在创建之初就要将经营规模确定在合理范围内。

2. 关于土地流转

土地是家庭农场最主要的生产资料。在土地流转方式方面，有转包、转让、反租倒包、出租、互换、入股、合作等多种流转方式，需按照依法、自愿、有偿原则进行流转。采用何种流转形式有利于家庭农场的形成是培育家庭农场必须考虑的问题。在土地流转期限方面，浙江、安徽、湖北、陕西、河北等地在把家庭农户纳入名录管理时，都要求土地流转期限不少于 5 年。在土地流转租金方面，租金是家庭农场重要支出成本，国家对土地流转的租金计算没有具体规定，家庭农场可按照市场价格或者参考当地农村土地承包经营权流转收益分配政策进行计算。总之，家庭农场要保障土地的经营权，就要和土地转出方将土地租金、流转期限确定在合理水平，签订规范的土地流转合同，稳定土地流转关系，有效防范租地风险。

3. 关于劳动力来源

目前，全国平均每个家庭农场有 2.7 个劳动力，其中家庭成员劳动力 1.9 个，常年雇工劳动力 0.8 个。部分省份给出了家庭农场劳动力的基本参考，例如，浙江省要求家庭农场经营者应是长期、稳定、专业从事农业生产的人员，具备相应农业生产技能或具有农业相关专业中专以上学历。天津市要求经营者家庭中在农场从事劳动生产的人员不少于 2 人，且男性在 18～60 岁，女性在 18～55 岁。上海市指出“除季节性、临时性聘用短期用工外，一般不常年雇用外来劳动力从事家庭农场的生产经营活动”。

家庭农场主要收入来源是农场的主营业务收入。如果家庭农场人均净收入能够达到所在省份城镇居民人均可支配收入的 80%，基本上就可以过上比较体面的生活。

家庭农场主应当根据实际产业类型、经营规模等确定从事家庭农场经营的人员。

4. 关于外地人能否注册

目前，要坚持以农民为主体，鼓励各类人才创办家庭农场。实践中，部分省份暂时不支持外来农民到本地创办家庭农场。但一些经济发达的省份，因本地想从事农业、成立家庭农场的农户较少，不再要求家庭农场主为本地户籍，而是规定从事农业生产并达到当地家庭农场相关规定条件的，都可以申请成为家庭农场。

综上，在创办家庭农场初期，要做好充分准备和调研，尤其是要掌握当地推动家庭农场发展的各类要求及政策措施。

（二）登记

作为市场经营主体，家庭农场可以根据需要到市场监督管理部门进行注册登记。2014 年中央 1 号文件明确指出，按照自愿原则开展家庭农场登记。《关于实施家庭农场培育计划的指导意见》也指出，市场监管部门要加强指导，提供优质高效的登记注册服务，按照自愿原则依法开展家庭农场登记。建立市场监管部门与农业农村部门家庭农场数据信息共享机制。

1. 设立登记

家庭农场经营者可自愿对家庭农场进行登记，登记注册的组织形式可以是个体工商户、个人独资企业、合伙企业或有限公司，且须按照国家有关规定公示年度报告和登记相关信息。目前，注册为个体工商户或个人独资企业的农户家庭农场应该是主流。值得注意的是，不同的注册制度决定了家庭农场的法律地位和责任方式的差异。例如，以有限公司方式注册的，以其认缴的出资额为限对公司承担责任，对农户的生计安排可以形成有效的保护；以个体工商户名义注册的，按照《民法典》第五十六条第一款的规定："个体工商户的债务，个人经营的，以个人财产承担；家庭经营的，以家庭财产承担；无法区分的，以家庭财产承担。"根据《中华人民共和国市场主体登记管理条例实施细则》，家庭农场确定登记的市场主体登记类型后，应当根据市场主体类型依法向其住所（主要经营场所、经营场所）所在地具有登记管辖权的登记机关办理登记。申请办理设立登记时，应当提交申请书、申请人主体资格文件或者自然人身份证明、住所（主要经营场所、经营场所）相关文件、相关章程或者合伙企业合伙协议。

一般登记事项主要包括名称、主体类型、经营范围、住所或者主要经营场所、注册资本或者出资额、相关经营者或负责人姓名等。其中，家庭农场只能登记一种组织类型，一个名称、一个住所或者主要经营场所，且经登记的市场主体名称受法律保护。同时，家庭农场登记的不同市场主体，应当按照类型依法备案相关事项。

办理登记时，应当遵守法律法规，诚实守信，不得利用市场主体登记，牟取非法利益，扰乱市场秩序，危害国家安全和社会公共利益。

2. 变更登记

家庭农场变更登记事项，应当自作出变更决议、决定或者法定变更事项发生之日起 30 日内向登记机关申请变更登记。如果家庭农场变更登记事项属于依法须经批准的，申请人应当在批准文件有效期内向登记机关申请变更登记。申请办理变更登记，应当提交申请书，并根据注册登记类型及具体变更事项提交材料，具体材料可按照《中华人民共和国市场主体登记管理条例实施细则》要求。

（1） 变更经营范围，属于依法须经批准的项目的，应当自批准之日起 30 日内申请变更登记。许可证或者批准文件被吊销、撤销或者有效期届满的，应当自许可证或者批准文件被吊销、撤销或者有效期届满之日起30日内向登记机关申请变更登记或者办理注销登记。

（2）变更住所或者主要经营场所跨登记机关辖区的，应当在迁入新的住所或者主要经营场所前，向迁入地登记机关申请变更登记。迁出地登记机关无正当理由不得拒绝移交市场主体档案等相关材料。

（3）变更涉及营业执照记载事项的，登记机关应当及时为市场主体换发营业执照。

（4）变更备案事项的，应当自作出变更决议、决定或者法定变更事项发生之日起30日内向登记机关办理备案。

此外，变更法定代表人、名称、注册资本（出资额）等事项在《中华人民共和国市场主体登记管理条例实施细则》中均有详细规定。

3. 注销登记

家庭农场出现以下情形之一，应当依法向登记机关申请注销登记：

（1）家庭农场因家庭原因、经营状况等因素解散。

（2）家庭农场被宣告破产。

（3）家庭农场因被吊销营业执照、责令关闭、撤销，或者被列入经营异常名录等事由需要终止。

（4）其他法定事由需要终止。

在注销登记之前，家庭农场还需确认以下事项：

（1）家庭农场未发生债权债务或者已将债权债务清偿完结，未发生或者已结清清偿费用、职工工资、社会保险费用、法定补偿金、应缴纳税款（滞纳金、罚款），并由全体投资人书面承诺对上述情况的真实性承担法律责任的，可以按照简易程序办理注销登记。

家庭农场登记为个体工商户，可按照简易程序办理注销登记的，无须公示。由登记机关将个体工商户的注销登记申请推送至税务等有关部门，有关部门在10日内没有提出异议的，可以直接办理注销登记。

（2）家庭农场依法应当清算的。应当成立清算组，清算组应当自清算结束之日起30日内向登记机关申请注销登记。

（3）家庭农场注销依法须经批准的，或者被吊销营业执照、责令关闭、撤销，或者被列入经营异常名录的，不适用简易注销程序。

人民法院裁定强制清算或者裁定宣告破产的，有关清算组、破产管理人可以持人民法院终结强制清算程序的裁定或者终结破产程序的裁定，直接向登记机关申请办理注销登记。

(4) 家庭农场申请注销登记前，如有分支机构，应当依法办理分支机构注销登记。

家庭农场申请办理注销登记，应当提交下列材料：

(1) 申请书。

(2) 依法作出解散、注销的决议或者决定，或者被行政机关吊销营业执照、责令关闭、撤销的文件。

(3) 清算报告、负责清理债权债务的文件或者清理债务完结的证明。

(4) 税务部门出具的清税证明。

除前款规定外，人民法院指定清算人、破产管理人进行清算的，应当提交人民法院指定证明。

个体工商户申请注销登记的，无需提交第二项、第三项材料；因合并、分立而申请注销登记的，无需提交第三项材料。

二、示范家庭农场与名录管理

(一) 示范家庭农场

2019 年 9 月，中央农办、农业农村部等 11 部门和单位联合印发《关于实施家庭农场培育计划的指导意见》，对加快培育发展家庭农场作出总体部署，以开展家庭农场示范创建为抓手，以建立健全指导服务机制为支撑，以完善政策支持体系为保障，实施家庭农场培育计划，通过财政、金融、保险等方面的支持政策，营造发展家庭农场的良好氛围，让有长期、稳定务农意愿的小农户能够稳步扩大经营规模，逐步发展成为规模适度、生产集约、管理先进、效益明显的家庭农场。同年 9 月，在河北省邢台市召开的促进家庭农场和农民合作社高质量发展工作推进会，对家庭农场培育发展提出新要求、作出新部署。2022 年 3 月，农业农村部启动实施了新型农业经营主体提升行动，从管理制度、能力建设、服务机制三个方面部署推进 13 项重点工作。2023 年 4 月 19 日，农业农村部在山东寿光召开推进新型农业经营主体高质量发展座谈会，强调各级农业农村部门要立足充分认识加快培育家庭农场、农民合作社的重要意义，进一步增强使命感、紧迫感，把发展新型农业经营主体作为“三农”工作的重要任务切实抓紧抓实。

1. 加强示范家庭农场创建

近年来，各地持续开展农民合作社示范社四级联创和示范家庭农场创建，树立了一批运行规范、带动力强的新型农业经营主体“排头兵”。各地按照“自愿申报、择优推荐、逐级审核、动态管理”的原则，健全工作机制，开展示范家庭农场创建，合理确定示范家庭农场评定标准和程序，引导其在发展适度规模经营、应用先进技术、实施标准化生产、纵向延伸农业产业链价值链以及带动小农户发展等方面发挥示范作用。例如，宁波市修订完善《宁波市市级示范性家庭农场评选和监测办法》，坚持数量服从质量的原则，采用自主申报、镇乡（街道）初审、县级审核推荐、市级打分评定的方式，每年评选一次并实行动态管理，经营制度体系得到全面完善。截至 2023 年 6 月底，全国县级以上示范家庭农场超过 20 万个。

2. 开展家庭农场示范县创建

目前，福建、湖南、安徽、河南等十多个省份已创建超过 200 多个省级家庭农场示范县，多个省份探索系统推进家庭农场发展的政策体系和工作机制，促进家庭农场培育工作整县推进，整体提升家庭农场发展水平。例如，山西省支持有条件的地方开展家庭农场示范县创建，芮城县、清徐县、神池县、晋中市太谷区、孝义市、永济市、阳城县等 10 个县（市、区）被评为“家庭农场示范县”。

3. 强化典型引领带动

各地及时总结推广培育家庭农场的好经验好模式，按照可学习、易推广、能复制的要求，组织开展家庭农场典型案例征集活动，宣传推介一批家庭农场典型案例，树立一批可看可学的家庭农场发展标杆和榜样。农业农村部连续四年组织开展了全国家庭农场典型案例推介活动，围绕科学高效种粮、增强农业生产能力等主题，遴选了 100 多个规模适度、生产集约、管理先进、效益明显的典型案例，树立了一批可看可学的家庭农场样板。各地也积极跟进，例如浙江省 2021 年以“匠心耕耘　逐梦田野”为主题，组织开展了全省家庭农场百佳案例征集活动，挖掘各类家庭农场发展的好经验、好做法，有力营造了引领带动家庭农场发展的良好环境和浓厚氛围。

4. 鼓励各类人才创办家庭农场

各地鼓励乡村本土能人、有返乡创业意愿和回报家乡愿望的外出农民工、优秀农村生源大中专毕业生及科技人员等人才创办家庭农场。实施青年农场主培养计划，对青年农场主进行重点培养和创业支持。例如，四川省德阳市罗江区创新探索家庭农场主和合作社带头人职业化建设，努力构建集职业标准、职业培训和职业保障“三位一体”的农业从业制度，初步形成“人才强、主体兴”的发展格局。目前，全区已培育职业化农民 1 343 人，其中家庭农场主 1 075 人。

5. 积极引导家庭农场开展联合合作

2023 年中央 1 号文件提出，有序推动家庭农场组建农民合作社。各地创新探索家庭农场与龙头企业、社会化服务组织的合作方式，鼓励组建家庭农场协会或联盟。针对家庭农场普遍面临的规模小、能力弱、发展慢等问题，顺应家庭农场发展的实际需求，各地农业农村部门积极引导组建形式多样的家庭农场协会或联盟。目前，江西、四川、山东、河北等多个省份已经组建了省级家庭农场协会或联盟。比如，江西省家庭农场联合会于 2017 年 1 月成立，现已建立 55 个县级分会，会员超过 15 000 人。联盟主要围绕产业健康发展，成立了肉牛产业、水稻产业、稻虾产业、休闲农业产业、猕猴桃产业、农机产业、火龙果产业 7 个产业联盟，为家庭农场提供产业政策分析、金融信贷、冷链物流、品牌提升、市场销售、农业科技应用等产前、产中、产后全过程专业化服务。在推进纵向联合的基础上，各地还积极探索更大范围、更高层次的横向联合。比如，四川省家庭农场发展创业联盟以省级示范家庭农场为主体，广泛吸纳农业科研院校、农业企业等主体，运用现代信息与网络技术，开展家庭农场行业交流互助服务，对接农担、银行等金融机构，面向家庭农场提供“低门槛、低成本、高效率”的信用贷款服务，成为政府部门的好帮手、家庭农场的“娘家人”。

（二）家庭农场名录管理

以前，各地普遍对家庭农场实行的是认定管理。但是由于部分地方的认定标准过高过严，导致很多符合条件的种养大户、专业大户不能纳入家庭农场管理，没有享受到家庭农场的相关扶持政策，也不利于农业农村主管部门对其进行指导服务。2017 年，农业部开始开发运行家庭农场名录系统，并指导各地分级建立家庭农场名录制度，将家庭农场由认定管理调整为名录管理；同时，降低了名录系统录入门槛，把有意愿的种养大户、专业大户等规模农业经营户都纳入家庭农场范围，获得家庭农场相关政策支持。随着录入门槛的降低，纳入名录系统管理的家庭农场数量大幅增加。在此基础上，农业农村部依托全国家庭农场名录系统开展年度统计和抽样调查工作，分析家庭农场发展态势，提出有关工作举措，推动家庭农场管理制度逐步健全。

1. 从实际出发设定纳入名录的条件

各地名录管理办法中关于家庭农场的录入条件并不统一。有的对种植面积、养殖规模、经营收入等设置了最低数量，比如河北要求，种植农作物土地面积在 50 亩以上，渔业养殖面积在 10 亩以上，生猪年出栏 200 头以上。有的对家庭农场主的身份、户籍等提出要求，如黑龙江要求，家庭农场经营者须具有农民或农村集体经济组织成员身份；新疆要求，经营者应为本地户籍农民或常住当地 10 年以上、从事农业生产经营、积极参与村集体公益建设的外地农民。还有的对家庭农场的土地流转等作出规定，如天津要求，承包土地或流转土地的期限应在 5 年以上（含 5 年），且剩余期限不少于 2 年，并与土地发包方或转出方签订规范的土地承包或流转合同。

2. 加强对名录管理家庭农场的指导服务

各级农业农村部门应为纳入名录管理的家庭农场、各级示范家庭农场提供更有针对性的技术指导、业务培训，重点做好三个方面的工作。一是向家庭农场主讲解家庭农场相关政策和纳入名录系统要求，并做好指导家庭农场发展等工作。二是引导公益性、半公益性的农技农艺、植保、农田改造、良种等服务对接家庭农场。家庭农场的经营规模较大，可以降低各类农业社会化服务的对接成本。三是支持家庭农场组织联合起来，成立家庭农场联盟或农民合作社。家庭农场联合起来可以进一步扩大规模，提高市场话语权的经营权益。

3. 完善名录管理家庭农场的进入、监督与退出机制

在名录管理家庭农场的进入方面，要明确相关条件和程序，原则是能进则进。在名录管理家庭农场运营监督方面，农业农村部门可以借助新型农业经营主体辅导员、家庭农场指导人员、村“两委”、乡镇的包村干部、

第一书记等，及时掌握纳入名录管理家庭农场的生产经营情况。在纳入名录管理家庭农场的退出方面，如果进入名录的家庭农场因某些原因不再符合进入条件，则应当让其退出名录，以增强名录服务家庭农场的针对性、有效性，提升名录管理家庭农场的质量。

建立健全家庭农场名录管理是摸清家庭农场底数的重要举措，是提升家庭农场指导服务扶持工作精准性的重要内容，不仅可以为国家制定相关政策提供依据，还可以减少各类主体、组织和政府部门为家庭农场提供各类服务的搜寻成本，对培育发展家庭农场意义重大。

（三）家庭农场“一码通”管理服务制度

近年来，在各级党委、政府的重视支持下，家庭农场从无到有、不断壮大。一方面，家庭农场在发展质量日益提升、经营产业日趋多元的同时，引领现代农业发展、推动乡村振兴的作用日益凸显；另一方面，随着数字化进程加快，农业农村大数据整合应用与农业生产经营深度融合，家庭农场开始分享农业农村数字化红利。

1. 开展家庭农场“一码通”试点

为不断提升家庭农场管理服务数字化水平，激发家庭农场发展活力，农业农村部大数据发展中心在农业农村部农村合作经济指导司的指导下，依托全国家庭农场名录系统（以下简称农场名录系统），开展家庭农场“一码通”赋码试点工作，探索建立“一码通”管理服务机制。

家庭农场“一码通”是农业农村部对全国家庭农场赋予、归集展示家庭农场信息，作为家庭农场纳入农场名录系统管理的唯一标识，其编码具有唯一性，一经赋予，在该家庭农场存续期间保持不变。

2022 年，农业农村部对全国 3 115 个县级及以上示范家庭农场进行赋码试点，在帮助家庭农场开展品牌宣传、获得金融保险服务等方面取得积极成效。

2. 全面实行“一码通”管理服务制度

2023 年 3 月，为贯彻落实中央农村工作会议、2023 年中央 1 号文件以及农业农村部 1 号文件关于支持发展家庭农场的部署要求，农业农村部在总结前期试点经验基础上印发了《关于全面实行家庭农场“一码通”管理服务制度的通知》（以下简称《通知》），对深入开展家庭农场赋码工作、全面实行“一码通”管理服务制度作出具体部署。

（1）哪些农场可以申请赋码？赋码工作依托名录系统开展，纳入名录系统且完成上年度数据信息更新的家庭农场，均可提出赋码申请。家庭农场“一码通”编码由数字码和二维码共同组成，赋码事项包括家庭农场名称、地址、示范创建类别、主营类型、注册商标、农产品质量安全认证情况等。

（2）如何申请赋码？家庭农场可通过“新型农业经营主体管理系统”微信小程序，进入全国家庭农场“一码通”赋码申请系统，按照提示依次进行实人认证、账号绑定、申请赋码操作，并自主选择“一码通”赋码事项。

（3）“一码通”如何管理？县级农业农村部门是本辖区家庭农场“一码通”业务管理工作的主要负责单位。《通知》明确，各级农业农村部门要确定名录系统管理员专门负责名录系统管理和家庭农场“一码通”赋码工作。县级管理员应当及时登录名录系统，通过“赋码管理”模块处理赋码申请，点击“赋码审核”查看家庭农场信息，认真审核确定是否赋码。对于审核不通过的，应当清晰完整输入理由，以便家庭农场进一步完善赋码申请。

目前，全国已有 14 万个家庭农场获得了“一码通”赋码，山东、四川、陕西、河北、山西、湖北、甘肃等省份推得比较快。有不少家庭农场把“一码通”编码印制在产品包装、宣传资料上，有的家庭农场主还在微信朋友圈里发送，对于直接获客、提升知名度很有帮助。

各级农业农村部门要加强家庭农场名录系统管理，用好赋码手段，引导家庭农场及时更新名录系统信息，积极申请赋码。省级农业农村部门要加强工作指导，督促县级切实履行赋码管理职责；要拓展“一码通”应用领域和场景，引导市场主体通过“一码通”为家庭农场提供更多精准有效的服务。

三、破产与清算

家庭农场因经营利润低、盲目扩张等原因导致的经营管理不善，或者不能清偿到期债务，并且资产不足以清偿全部债务或者明显缺乏清偿能力的，可以提出破产清算申请。值得注意的是，家庭农场须根据注册登记类型，选择相应的破产清算程序。

1. 家庭农场登记类型为个体工商户的，按照现行的破产法律制度，个体工商户没有破产的资格与权利

按照《民法典》第五十六条第一款规定："个体工商户的债务，个人经营的，以个人财产承担；家庭经营的，以家庭财产承担；无法区分的，以家庭财产承担。"

2. 家庭农场登记类型为公司的，作为企业法人不能清偿到期债务，并且资产不足以清偿全部债务或者明显缺乏清偿能力的，依照《企业破产法》规定清理债务

(1) 家庭农场自身可以向人民法院提出重整、和解或者破产清算申请。

(2) 家庭农场不能清偿到期债务，债权人可以向人民法院提出对家庭农场进行重整或者破产清算的申请。

(3) 家庭农场已解散但未清算或者未清算完毕，资产不足以清偿债务的，依法负有清算责任的人应当向人民法院申请破产清算。

3. 家庭农场应当在解散事由出现之日起 15 日内成立清算组，开始清算

家庭农场注册为有限责任公司的，清算组由股东组成。逾期不成立清算组进行清算的，债权人可以申请人民法院指定有关人员组成清算组进行清算。人民法院应当受理该申请，并及时组织清算组进行清算。

清算组在清算期间行使下列职权：

(1) 清理家庭农场财产，分别编制资产负债表和财产清单；

(2) 通知、公告债权人；

(3) 处理与清算有关的家庭农场未了结的业务；

(4) 清缴所欠税款以及清算过程中产生的税款；

(5) 清理债权、债务；

(6) 处理家庭农场清偿债务后的剩余财产；

(7) 代表家庭农场参与民事诉讼活动。

家庭农场清算组应当自成立之日起 10 日内将清算组成员、清算组负责人名单通过国家企业信用信息公示系统公告。清算组可以通过国家企业信用信息公示系统发布债权人公告。

【本章参考文献】

吴彬，2021. 家庭农场的适度经营规模是多大？[J]. 中国农民合作社（10）：70.

吴刚，刘同山，2019. 建立符合国情的家庭农场名录管理制度 [J]. 经济研究（10）：33-37.

赵阳，2020. 家庭农场高质量发展 [M]. 北京：人民出版社，12-20.

张天佐，2023. 内强素质　外强能力　推进新型农业经营主体高质量发展 [J]. 中国农民合作社（6）：8-12.

第 3 章　家庭农场的支持政策

家庭农场的快速、健康、可持续发展，离不开各种惠农强农政策的支持。为鼓励支持家庭农场发展，国家围绕土地、金融、税收、保险等各方面出台了相关政策。

一、农村土地政策

“土地是财富之母，劳动是财富之父”，对于家庭农场等新型农业经营主体来说，土地是开展农业生产经营活动最根本的物质基础。以家庭承包经营为基础、统分结合的双层经营体制，是我国农村基本经营制度，也是新时期发展家庭农场的基础性制度。其制度安排主要包括：在坚持农村土地集体所有的前提下，促使承包权和经营权分离，形成所有权、承包权、经营权“三权”分置、经营权流转的格局等。党的十九大报告明确提出，“巩固和完善农村基本经营制度，深化农村土地制度改革，完善承包地‘三权’分置制度。保持土地承包关系稳定并长久不变，第二轮土地承包到期后再延长三十年”。党的二十大报告进一步提出，“巩固和完善农村基本经营制度，发展新型农村集体经济，发展新型农业经营主体和社会化服务，发展农业适度规模经营。深化农村土地制度改革，赋予农民更加充分的财产权益。保障进城落户农民合法土地权益，鼓励依法自愿有偿转让”。

（一）农村土地集体所有与家庭承包

以家庭承包经营为基础、统分结合的双层经营体制，是历经土地改革、合作化运动、人民公社体制的曲折发展和艰辛探索，在改革开放初期应运而生、逐步确立的具有中国特色的农村基本经营制度，是中国特色社会主义在农村的重要制度基础和体现，是党领导农村工作的集体智慧结晶，是党的领导与农民创造相结合的伟大创举。农村基本经营制度的确立、发展和不断完善，彰显了我们党一切从实际出发、实事求是的思想路线和从群众中来、到群众中去的群众路线，实现了坚定社会主义方向、立足国情农情和发展阶段、解决主要矛盾、尊重农民意愿的有机统一，深受亿万农民群众的欢迎和拥护。

2016 年 4 月 25 日，在安徽小岗村主持召开农村改革座谈会上的讲话中，习近平总书记明确指出："坚持农村基本经营制度，不是一句空口号，而是有实实在在的政策要求。具体讲，有三个方面要求。"

一是要"坚持农村土地农民集体所有"。农村土地归农民集体所有是"农村最大的制度"；坚持农村土地集体所有是坚持农村基本经营制度的"魂"；农村改革不管怎么改，都不能把农村土地集体所有制改垮了。农村土地集体所有与个人私有或全民共有截然不同，其权利主体是自然村、行政村或乡（镇）范围内的集体经济组织成员，这从根本上保障了农民群众在农村生产关系中的主人翁地位。农村土地集体所有有力保持了农村土地所有权的稳定性，防止历史上曾多次因土地向少数人集中而带来的贫富分化和社会动乱隐患，有效兼顾了效率与公平，充分彰显了中国特色社会主义的优越性。农村土地集体所有，还是加强乡村治理、保持农村社会和谐稳定、实现乡村善治的基础支撑。在乡村全面振兴城乡融合发展新形势下，坚持农村土地集体所有，有利于调节城乡关系，为城乡资源和人才实现双向流动创造制度空间。

二是要"坚持家庭经营基础性地位"。家庭经营是千百年来世界范围内农业生产经营的基本形式，具有很强的适应性和灵活性。家庭承包经营创造性实现了土地所有权和经营权的分离，使土地等生产资料与农户家庭相结合，从根本上赋予了农民对土地的经营权利和责任，使其成为自负盈亏的生产经营者，充分调动了农民参加农业生产劳动的积极性和自主性，适应了农业分散劳动的特点，破解了农业生产劳动过程中的效率监管和核算难题，真正实现了按劳分配。党的十五届三中全会通过的《中共中央关于农业和农村工作若干重大问题的决定》首次用"家庭承包经营为基础"取代"家庭联产承包为主"的提法，充分肯定了家庭经营的基础性地位。习近平总书记强调，"小规模家庭经营是农业的本源性制度""农民家庭是集体土地承包经营的法定主体""其他任何主体都不能取代农民家庭的土地承包地位""集体土地承包权都属于农民家庭。这是农民土地承包经营权的根本，也是农村基本经营制度的根本"。新形势下继续坚持家庭承包经营的基础性地位，是对广大农民主体地位的切实保护，让农民成为农村土地的第一责任人和守护人，为防止破坏耕地、影响粮食生产筑牢了制度屏障。

三是要“坚持稳定土地承包关系”。保持现有农村土地承包关系稳定并长久不变，是维护农民土地承包经营权的关键。习近平总书记强调：“农村土地承包关系要保持稳定，农民的土地不要随便动。农民失去土地，如果在城镇待不住，就容易引发大问题。这在历史上是有过深刻教训的。这是大历史，不是一时一刻可以看明白的。在这个问题上，我们要有足够的历史耐心。”他高瞻远瞩地指出：“延长土地承包期三十年，从农村改革之初的第一轮土地承包算起，土地承包关系将保持稳定长达七十五年，既体现长久不变的政策要求，又在时间节点上同实现第二个百年奋斗目标相契合。”在推进乡村全面振兴，加快农业农村现代化新征程中，“处理好农民和土地的关系，仍然是深化农村改革的主线”，只有保持土地承包关系稳定，才能守住粮食安全的战略后院，保持农村基本盘的稳定，实现农民安居乐业，为国家现代化建设大局提供强有力的保障。

习近平总书记关于农村基本经营制度的“三个坚持”的要求，抓住了农村基本经营制度的核心本质，把握了农村土地农民集体所有的制度之“魂”，重申了农户家庭经营的基础性地位，强调并维护了农民群众的主体地位，澄清并指明了新阶段更好坚持农村基本经营制度的基本要求和方向，是家庭农场土地支持政策的基本依据，为规范发展家庭农场指明了方向。

（二）农民土地经营权流转管理政策

农村土地经营权流转，是指在承包方与发包方承包关系保持不变的前提下，承包方依法在一定期限内将土地经营权部分或者全部交由他人自主开展农业生产经营的行为。

1. 土地经营权流转的基本原则

土地经营权流转应当坚持农村土地农民集体所有、农户家庭承包经营的基本制度，保持农村土地承包关系稳定并长久不变，遵循依法、自愿、有偿原则，任何组织和个人不得强迫或者阻碍承包方流转土地经营权。

土地经营权流转不得损害农村集体经济组织和利害关系人的合法权

益，不得破坏农业综合生产能力和农业生态环境，不得改变承包土地的所有权性质及其农业用途，确保农地农用，优先用于粮食生产，制止耕地“非农化”、防止耕地“非粮化”。

2. 承包方的权利

承包方在承包期限内有权依法自主决定土地经营权是否流转，以及流转对象、方式、期限等。

土地经营权流转收益归承包方所有，任何组织和个人不得擅自截留、扣缴。

承包方自愿委托发包方、中介组织或者他人流转其土地经营权的，应当由承包方出具流转委托书。委托书应当载明委托的事项、权限和期限等，并由委托人和受托人签字或者盖章。没有承包方的书面委托，任何组织和个人无权以任何方式决定流转承包方的土地经营权。

3. 受让方应具备的条件及其权利和义务

土地经营权流转的受让方应当为具有农业经营能力或者资质的组织和个人。在同等条件下，本集体经济组织成员享有优先权。

土地经营权流转的方式、期限、价款和具体条件，由流转双方平等协商确定。流转期限届满后，受让方享有以同等条件优先续约的权利。

受让方应当依照有关法律法规保护土地，禁止改变土地的农业用途。禁止闲置、荒芜耕地，禁止占用耕地建窑、建坟或者擅自在耕地上建房、挖砂、采石、采矿、取土等。禁止占用永久基本农田发展林果业和挖塘养鱼。

受让方将流转取得的土地经营权再流转以及向金融机构融资担保的，应当事先取得承包方书面同意，并向发包方备案。

经承包方同意，受让方依法投资改良土壤，建设农业生产附属、配套设施及农业生产中直接用于作物种植和畜禽水产养殖设施的，在土地经营权流转合同到期或者未到期由承包方依法提前收回承包土地时，受让方有权获得合理补偿。具体补偿办法可在土地经营权流转合同中约定或者由双方协商确定。

4. 土地经营权的流转方式

承包方可以采取出租（转包）、入股或者其他符合国家有关法律和政策规定的方式流转土地经营权。

出租（转包），是指承包方将部分或者全部土地经营权，租赁给他人从事农业生产经营。

入股，是指承包方将部分或者全部土地经营权作价出资，成为公司、合作经济组织等股东或者成员，并用于农业生产经营。

承包方依法采取出租（转包）、入股或者其他方式将土地经营权部分或者全部流转的，承包方与发包方的承包关系不变，双方享有的权利和承担的义务不变。

承包方自愿将土地经营权入股公司发展农业产业化经营的，可以采取优先股等方式降低承包方风险。公司解散时入股土地应当退回原承包方。

5. 签订流转合同的注意事项

土地经营权流转合同具体内容可参考 2021 年 9 月农业农村部和国家市场监督管理总局制定的《农村土地经营权出租合同（示范文本）》和《农村土地经营权入股合同（示范文本）》。在签订土地流转合同时要特别注意如下 10 个方面的内容：

（1）当事人的名称或者姓名和住所。当事人是自然人时，要注意共有权人问题。在土地承包经营权流转中，所流转土地的承包经营权往往属于农户中的几个人，此时应当要求共有权人都签字，或者授权委托其他人签字。一般可以按照土地承包经营权证书上登记的产权人确定应当签字的当事人。

（2）标的。土地流转合同的标的是一定时空范围内的土地使用权。所以要明确流转土地的位置，包括四至、基本形状、面积、地上附着物和构筑物等，同时，还要明确流转期限。由于土地位置的空间固定性，在签订流转合同时，一定要标注清楚所流转土地的形状和四至。为了防止四至不清引发的问题，一些地区探索绘制集体经济组织内部各户承包土地的分布图（相当于清朝的鱼鳞册[①]），并让各户签字确定，一旦遇到纠纷，则以此图件确定地界。这一办法可以较为有效地防止四至不清引发的问题，有较强的操作性。另外，一些地方在颁发土地承包经营权证时，四至标识过于简单，如南至田坎、北至张三、西至水渠、东至道路等。这些标注物既

① 清朝的鱼鳞册，也被称为鱼鳞图册、鱼鳞图籍、鱼鳞簿、丈量册等，是中国古代的一种土地登记簿册。它将房屋、山林、池塘、田地按照次序排列连接地绘制，标明相应的名称，是民间田地之总登记册。由于田图状似鱼鳞，因此得名。

无唯一指向且可能发生变化，因而在签订流转合同时，需要根据较固定的标志物重新说明，或按照一定比例绘制相关图件并让相邻的产权主体签字确认来辅助说明。

(3) 数量。对于土地流转合同来讲，数量包括两个方面：一个是流转土地的面积，一个是流转土地的期限。一般而言，合同的数量要表达准确，要使用共同接受的计量单位、计量方法和计量工具。表示土地流转面积的可以用公顷、亩、平方米等计量单位，若运用公顷做单位则其小数位数就要多保留几位，用平方米则保留的小数位数可以少一些，甚至不用保留。从实践上看，流转面积多以亩做单位，一般保留小数点后 2 位数据。这里需要说明的是，面积单位最好不用一些习惯性的单位（比如“晌”），因为一旦遇到纠纷很难找到法律依据。

(4) 质量。在农地流转合同中，从理论上讲，可以按照农用地分等定级成果来反映流转农地的质量，但目前农地分等定级成果比较粗，难以揭示出具体地块的质量差异，尤其是当流转土地规模很小时。农用地的质量可以通过对具体地块的物理化学特征进行据实描述的方式来表达。如地块交通状况（距离主要公路距离、距离城镇距离）、水利设施（水渠状况、水井状况、井深、距离河渠远近、河渠水流量及水质等）、水费电费征收标准、地形坡度、土层厚度、土体构型、表土质地、土壤有机质含量、地下水埋深、附着物生长状况（树龄、胸径、树高等）、构筑物状况等。当事人也可以约定质量检验的方法、对质量提出异议的条件与期限等。

(5) 价款或者报酬。在土地流转中，价款或报酬一般有两种，一种是实物报酬（如多少千克一定质量标准的小麦），一种是货币报酬。在合同中，还要说明付款方式，即是分期付款还是一次性付款，是年初付款还是年末付款等。合同中还要注明总价款和单位价款，对单价与总价要分别进行约定。

为了保护农民的利益，一些地方（如北京）政府还规定，在流转合同中要约定流转价款的定期调整方式，以防止出现因社会经济条件变化而使流转价款明显不合理的问题。

(6) 履行期限。土地流转的期限一般可以以年计，也可以以生产周期、季节计。期限可以是非常精确的，也可以是不十分确定的。农地流转期限应根据农业生产的实际情况来约定，最好按照主要农作物的收获周期来约定。禁用“长期”“永久”“永远”等词句。我国《农村土地承包法》规定，二轮土地承包的期限为 30 年，党的十九大提出“保持土地承包关系稳定并长久不变，第二轮土地承包到期后再延长三十年”。因此，流转合同的最长期限不得超过 30 年。

（7）支付方式。流转双方协商流转价格，计算年总流转费，并确定流转费于每年几月几日支付，以及是以现金、实物或其他方式支付。在土地流转合同中，若采用实物方式支付价款或报酬，则需要双方在合同中约定支付实物的地点和方式。在土地流转合同中，还要对土地的交付方式进行约定，尤其是地上建筑物附着物的交割问题。

（8）特殊事项的处理。农地流转是承包经营权的流转，是部分土地产权的流转，这就使承包经营权不可避免地会受到所有权的制约，因而比较脆弱。另外，由于地权具有很强的政治色彩，所以任何一个国家的土地产权处置都受到政府的制约，土地承包经营权也是如此。所以，土地承包经营权的流转合同中，要考虑到这些特殊因素可能给交易双方带来的影响，并在合同中预先进行说明。

就目前的情况来看，需要说明的主要有以下几个问题。

一是征地补偿安置费用的归属问题。承包期内若出现征占土地的问题，补偿费如何在租地户、承包户和集体经济组织之间分配要在流转合同中进行约定，使流转双方能够合理预期流转后若发生征地情况双方的利益会如何。

二是农业税费补贴政策变化问题。双方应当在流转合同中对税费政策可能的变化及相应权利义务的处理进行约定，以免使合同约定条件明显不合理而引发违约风险。

三是承包经营权收回问题。由于《农村土地承包法》规定了在几种情况下承包地可依法收回，这就导致土地流转可能会存在依法中断的情况。比如张三把耕地出租给了王五，租赁期 10 年，但在租期内，张三举家搬迁到了设区的市，并取得了城市居民户口。按照承包法规定，张三所在的集体经济组织可以依法收回其承包的土地。在这种情况下，张三与王五之间的租赁合同就面临被取消的风险。所以，承包经营权有被依法收回的可能，土地流转双方应当在合同中约定此情况发生时的处理办法。

（9）违约责任。在确定违约责任时，要分析哪些方面可能存在违约问题，并分别规定相应的违约责任。如在支付流转费方面违约了怎么处理，在耕地交付方面违约了怎么处理，在耕地利用方式上违约了怎么处理等。

承包方不得单方面解除土地经营权流转合同，但受让方有下列情形之一的除外。

①擅自改变土地的农业用途。

②弃耕抛荒连续两年以上。

③给土地造成严重损害或者严重破坏土地生态环境。

④其他严重违约行为。

有以上情形，承包方在合理期限内不解除土地经营权流转合同的，发包方有权要求终止土地经营权流转合同。

受让方对土地和土地生态环境造成的损害应当依法予以赔偿。

（10）争议解决办法。解决争议方法的选择对于纠纷发生后当事人利益的保护非常重要，应该慎重对待。如果选择采用仲裁作为解决争议的方式，则仲裁机构要规定得具体、清楚，不能笼统规定“采用仲裁解决”。否则，将无法确定仲裁协议条款的效力。

6. 土地流转中的问题处理

发包方对承包方流转土地经营权、受让方再流转土地经营权以及承包方、受让方利用土地经营权融资担保的，应当办理备案，并报告乡（镇）人民政府农村土地承包管理部门。

土地经营权流转发生争议或者纠纷的，当事人可以协商解决，也可以请求村民委员会、乡（镇）人民政府等进行调解。

当事人不愿意协商、调解或者协商、调解不成的，可以向农村土地承包仲裁机构申请仲裁，也可以直接向人民法院提起诉讼。

（三）设施农业用地管理政策

设施农业用地包括农业生产中直接用于作物种植和畜禽水产养殖的设施用地。其中，作物种植设施用地包括作物生产和为生产服务的看护房、农资农机具存放场所等，以及与生产直接关联的烘干晾晒、分拣包装、保鲜存储等设施用地；畜禽水产养殖设施用地包括养殖生产及直接关联的粪污处置、检验检疫等设施用地，不包括屠宰和肉类加工场所用地等。

1. 设施农业用地使用注意事项

设施农业用地属于农业内部结构调整，可以使用一般耕地，不需落实占补平衡。种植设施不破坏耕地耕作层的，可以使用永久基本农田，不需补划；破坏耕地耕作层，但由于位置关系难以避让永久基本农田的，允许使用永久基本农田但必须补划。养殖设施原则上不得使用永久基本农田，涉及少量永久基本农田确实难以避让的，允许使用但必须补划。

设施农业用地不再使用的，必须恢复原用途。设施农业用地被非农建设占用的，应依法办理建设用地审批手续，原地类为耕地的，应落实占补平衡。

2. 地方部门对设施农业用地的管理

各类设施农业用地规模由各省（自治区、直辖市）自然资源主管部门会同农业农村主管部门根据生产规模和建设标准合理确定。其中，看护房执行“大棚房”问题专项清理整治整改标准，养殖设施允许建设多层建筑。

市、县自然资源主管部门会同农业农村主管部门负责设施农业用地日常管理。国家、省级自然资源主管部门和农业农村主管部门负责通过各种技术手段进行设施农业用地监管。设施农业用地由农村集体经济组织或经营者向乡镇政府备案，乡镇政府定期汇总情况后汇交至县级自然资源主管部门。涉及补划永久基本农田的，须经县级自然资源主管部门同意后方可动工建设。

（四）三产融合用地管理政策

农村一二三产业融合发展用地是以农业农村资源为依托，拓展农业农村功能，延伸产业链条，涵盖农产品生产、加工、流通、就地消费等环节，用于农产品加工流通、农村休闲观光旅游、电子商务等混合融合的产业用地，土地用途可确定为工业用地、商业用地、物流仓储用地等。

1. 统筹布局农业设施用地

规模较大、工业化程度高、分散布局配套设施成本高的产业项目要进产业园区；具有一定规模的农产品加工要向县城或有条件的乡镇城镇开发边界内集聚；直接服务种植养殖业的农产品加工、电子商务、仓储保鲜冷链、产地低温直销配送等产业，原则上应集中在行政村村庄建设边界内；

利用农村本地资源开展农产品初加工、发展休闲观光旅游而必需的配套设施建设，可在不占用永久基本农田和生态保护红线、不突破国土空间规划建设用地指标等约束条件、不破坏生态环境和乡村风貌的前提下，在村庄建设边界外安排少量建设用地，实行比例和面积控制，并依法办理农用地转用审批和供地手续。

2. 拓展集体建设用地使用途径

农村集体经济组织兴办企业或者与其他单位、个人以土地使用权入股、联营等形式共同举办企业的，可以依据《土地管理法》第六十条规定使用规划确定的建设用地。

3. 大力盘活农村存量建设用地

在充分尊重农民意愿的前提下，可依据国土空间规划，以乡镇或村为单位开展全域土地综合整治，盘活农村存量建设用地，腾挪空间用于支持农村产业融合发展和乡村振兴。探索在农民集体依法妥善处理原有用地相关权利人的利益关系后，将符合规划的存量集体建设用地，按照农村集体经营性建设用地入市。在符合国土空间规划前提下，鼓励对依法登记的宅基地等农村建设用地进行复合利用，发展乡村民宿、农产品初加工、电子商务等农村产业。

4. 三产融合用地的注意事项

坚决制止耕地“非农化”行为，严禁违规占用耕地进行农村产业建设，防止耕地“非粮化”，不得造成耕地污染。农村产业融合发展用地不得用于商品住宅、别墅、酒店、公寓等房地产开发，不得擅自改变用途或分割转让转租。

二、金融保险政策

（一）家庭农场金融支持

金融是现代经济的血液，农业金融是助力新型农业经营主体加快发展的重要支撑。家庭农场的金融支撑政策主要包括农村信用贷款、抵押贷款及融资担保政策。2017 年，中共中央办公厅、国务院办公厅印发的《关于加快构建政策体系培育新型农业经营主体的意见》要求：“改善金融信贷服务。综合运用税收、奖补等政策，鼓励金融机构创新产品和服务，加大对新型农业经营主体、农村产业融合发展的信贷支持。建立健全全国农业信贷担保体系，确保对从事粮食生产和农业适度规模经营的新型农业经营主体的农业信贷担保余额不得低于总担保规模的 70%。支持龙头企业为其带动的农户、家庭农场和农民合作社提供贷款担保。有条件的地方可建立市场化林权收储机构，为林业生产贷款提供林权收储担保的机构给予风险补偿。稳步推进农村承包土地经营权和农民住房财产权抵押贷款试点，探索开展粮食生产规模经营主体营销贷款和大型农机具融资租赁试点，积极推动厂房、生产大棚、渔船、大型农机具、农田水利设施产权抵押贷款和生产订单、农业保单融资。鼓励发展新型农村合作金融，稳步扩大农民合作社内部信用合作试点。建立新型农业经营主体生产经营直报系统，点对点对接信贷、保险和补贴等服务，探索建立新型农业经营主体信用评价体系，对符合条件的灵活确定贷款期限，简化审批流程，对正常生产经营、信用等级高的可以实行贷款优先等措施。积极引导互联网金融、产业资本依法依规开展农村金融服务。”

1. 家庭农场信贷政策

2021 年 8 月，为贯彻落实中国人民银行、中央农办、农业农村部、财政部、银保监会、证监会《关于金融支持新型农业经营主体发展的意见》要求，进一步做好农业产业化龙头企业、家庭农场和农民专业合作社等新型农业经营主体金融服务的工作，中国农业银行印发《关于加强新型农业经营主体金融支持有关政策的通知》（以下简称《通知》），包含多条对新型农业经营主体的金融支持措施。《通知》提出：发展涉农供应链融资。对符合《关于信贷支持农业产业化联合体发展的指导意见》（农银发〔2020〕373 号）核心企业条件的涉农企业，在核心企业提供供应链融资业务管理办法规定的保证担保、贷款代偿、差额补足、付款责任、回购责任等担保增信措施的前提下，上下游客户办理供应链融资业务可不再提供其他担保。此外，《通知》还规定：拓宽农村抵质押物范围。支持各行创新农机具、大棚设施、大型活体畜禽、养殖圈舍、农业商标、具备现金价值的人寿保单等新型抵质押方式，在家庭农场和农民专业合作社单户贷款不超过 500 万元、农业产业化龙头企业单户贷款不超过 1 000 万元，且单项担保方式业务总额 1 亿元以内的，一级分行可自主创新“三农”特色押品。

2021年，中国农业银行联合农业农村部、农担公司（农业信贷担保联盟有限责任公司），推出新型农业经营主体信贷直通车活动，新型农业经营主体运用新型农业经营主体信息直报系统申报需求，农担公司提供担保，中国农业银行跟进对接，让新型农业经营主体搭上信贷“快车”。中国农业银行实行名单制管理，上门了解新型农业经营主体生产经营资金需求，量身定制服务方案，大力推广线上服务，突出加大“惠农e贷”投放。中国农业银行根据部分新型农业经营主体扩大生产资金需求较大的实际情况，采取提高贷款额度、丰富抵押担保、开展金融知识培训等多种方式，提供包括贷款、资金结算、投资理财等在内的综合服务，全力支持新型农业经营主体发展壮大。

2. 家庭农场融资担保

为着力推动解决新型农业经营主体“融资难”“融资贵”问题，引导推动金融资本投入农业，财政部、农业部、银监会于2015年启动了全国农业信贷担保体系建设工作，2016年成立了全国农业信贷担保工作指导委员会。按照财政部、农业部、银监会于2015年联合下发的《关于印发〈财政支持建立农业信贷担保体系的指导意见〉的通知》要求，经报国务院批准，成立了国家农业信贷担保联盟有限责任公司（简称国家农担公司）。各省、自治区、直辖市、计划单列市也先后推动省级农业信贷担保公司（简称省级农担公司）组建。

7年来，随着各地认真贯彻落实党中央、国务院决策部署，积极推动全国农业信贷担保体系建设运营，探索了有益经验，取得了积极进展。当前，全国农担体系框架已经基本建立，服务能力不断提升，业务规模加快发展，风险总体平稳可控，成为财政撬动信贷资金、引导社会资本投向农业农村的重要工具，成为推动解决新型农业经营主体融资难题、激发其内生活力的重要手段，成为乡村振兴战略实施、农业农村现代化建设的重要助力。

2017年5月，财政部、银监会等联合印发的《关于做好全国农业信贷担保工作的通知》（以下简称《通知》）提出，坚持全国农业信贷担保体系的政策性定位，严格界定政策性业务标准，控制担保额度。服务对象聚焦家庭农场、种养大户、农民合作社、农业社会化服务组织、小微农业企业等农业适度规模经营主体，以及国有农（团）场中符合条件的农业适度规模经营主体，单户在保余额控制在 10 万～200 万元，对适合大规模农业机械化作业的地区可适当放宽限额，但最高不超过 300 万元。省级农担公司符合“双控”（控制业务范围、控制担保额度）标准的担保额不得低于总担保额度的 70%。

此外，《通知》还明确了实施担保费用补助政策。各省可在省级农担公司按照市场化运营成本费用确定的担保费率基础上，给予符合“双控”标准的政策性业务适当的担保费用补助。原则上对粮食适度规模经营主体的担保费率补助不超过 2%，对其他符合条件的主体不超过 1.5%（符合条件的扶贫项目不超过 2%）。财政补助后的综合担保费率（向贷款主体收取和财政补助之和）不得超过 3%。具备条件的省级农担公司如开展财务咨询、技术服务、市场对接等增值服务，在综合担保费率不超过 3%的同时，要确保农业贷款主体实际承担的综合信贷成本（贷款利率、贷款主体承担的担保费率、增值服务费率等各项之和）控制在 8%以内，如基准利率调整，按据实增减数对 8%予以调整。

（二）家庭农场保险政策

2012 年 10 月 24 日国务院第 222 次常务会议通过的《农业保险条例》规定，“农业保险”是指保险机构根据农业保险合同，对被保险人在种植业、林业、畜牧业和渔业生产中因保险标的遭受约定的自然灾害、意外事故、疫病、疾病等保险事故所造成的财产损失，承担赔偿保险金责任的保险活动。国家支持发展多种形式的农业保险，健全政策性农业保险制度。农业保险实行政府引导、市场运作、自主自愿和协同推进的原则。省、自治区、直辖市人民政府可以确定适合本地区实际的农业保险经营模式。

2016 年，国务院根据《关于修改部分行政法规的决定》，对《农业保险条例》进行了修订。2017 年，中共中央办公厅、国务院办公厅印发《关于加快构建政策体系培育新型农业经营主体的意见》提出，扩大保险支持范围，稳步开展农民互助合作保险试点，鼓励有条件的地方积极探索符合实际的互助合作保险模式。完善农业再保险体系和大灾风险分散机制，为农业保险提供持续稳定的再保险保障。

近年来，在中央财政补贴政策支持下，我国农业保险顶层设计逐步完善，农业保险产品和服务不断升级，已逐渐形成“政府引导、市场运作、自主自愿、协同推进”的农业保险发展模式，初步建立了覆盖全国、涵盖主要大宗农产品的农业生产风险保障体系。保险已成为化解农业风险、稳定农业生产和增加农民收入的重要政策工具，对发展壮大新型农业经营主体、促进现代农业发展起到重要的指导作用。

1. 种植业保险政策

2015 年 7 月底，国务院办公厅发布的《国务院办公厅关于加快转变农业发展方式的意见》指出，为培育新型农业经营主体，鼓励商业机构针对新型农业经营主体需求开发多档次、高保障的保险产品，并探索进行产值保险、目标价格保险等产品的试点工作。2015 年 12 月，国务院办公厅发布的《国务院办公厅关于推进农村一二三产业融合发展的指导意见》提出，“支持龙头企业为农户、家庭农场、农民合作社提供贷款担保，资助订单农户参加农业保险”，应引导各地在建立一系列风险保障金制度时与农业保险相结合，并“加强涉农信贷与保险合作，拓宽农业保险保单质押范围”。

2015 年 12 月，国务院印发《推进普惠金融发展规划（2016—2020 年）》，提出保险机构等农业服务组织应积极与农民合作社进行合作。

2017 年 5 月，财政部会同农业部、保监会研究制定了《粮食主产省农业大灾试点工作方案》，并印发了《关于在粮食主产省开展农业大灾保险试点的通知》，明确提出在 13 个粮食主产省份选择 200 个产粮大县，面向适度规模经营农户开展农业大灾保险试点，试点保险标的首先选择关系国计民生和粮食安全的水稻、小麦、玉米三大粮食作物，并对粮食主产省农业大灾保险试点工作的指导思想、基本原则、试点期限、保险标的、试点地区、保障水平、参保范围及补贴标准进行了规定。

2018 年 1 月 18 日，农业部《关于大力实施乡村振兴战略加快推进农业转型升级的意见》提出，推动制定下发加快农业保险发展的文件。深入实施农业大灾保险试点，探索开展稻谷、小麦、玉米三大粮食作物和天然橡胶完全成本保险和收入保险试点，启动制种保险试点。农户、种子生产合作社和种子企业等开展的符合规定的三大粮食作物制种，对其投保农业保险应缴纳的保费，纳入中央财政农业保险保险费补贴目录，补贴比例执行《财政部关于印发〈中央财政农业保险保险费补贴管理办法〉的通知》（以下简称《补贴管理办法》）关于种植业有关规定。符合规定的三大粮食作物制种，指符合《种子法》规定、按种子生产经营许可证规定或经当地农业部门备案开展的水稻、玉米、小麦制种，包括扩繁和商品化生产等种子生产环节。保险金额应为保险标的生长期内所发生的直接物化成本。投保人和被保险人应为实际土地经营者，如实际土地经营者的制种生产风险已完全转移给种子生产组织的，种子生产组织也可作为投保人和被保险人。

2021年6月24日，在2018年中央财政开展三大粮食作物完全成本保险和收入保险试点基础上，财政部会同农业农村部、银保监会联合发布《关于扩大三大粮食作物完全成本保险和种植收入保险实施范围的通知》，决定扩大稻谷、小麦、玉米三大粮食作物完全成本保险和种植收入保险实施范围，进一步提升农业保险保障水平，明确自2021年1月1日起，在河北、内蒙古、辽宁、吉林、黑龙江、江苏、安徽、江西、山东、河南、湖北、湖南、四川13个粮食主产省份的产粮大县，针对稻谷、小麦、玉米三大粮食作物开展完全成本保险和种植收入保险。保险保障对象为全体农户，包括适度规模经营农户和小农户，注重发挥新型农业经营主体带动作用，提升小农户组织化程度，允许村集体组织小农户集体投保、分户赔付。其中，完全成本保险为保险金额覆盖直接物化成本、土地成本和人工成本等农业生产总成本的农业保险；种植收入保险为保险金额体现农产品价格和产量，覆盖农业种植收入的农业保险。完全成本保险的保险责任应涵盖当地主要的自然灾害、重大病虫害和意外事故等，种植收入保险的保险责任应涵盖农产品价格、产量波动导致的收入损失。保险费率应按照保本微利原则厘定，综合费用率不高于20％。原则上，完全成本保险或种植收入保险的保障水平不高于相应品种种植收入的80％。补贴比例为在省级财政补贴不低于25％的基础上，中央财政对中西部及东北地区补贴45％，对东部地区补贴35％。在推进步骤上，两大险种2021年覆盖实施县数不超过省内产粮大县总数的60％（500个），2022年实现实施地区产粮大县全覆盖。粮食主产省份产粮大县范围根据上一年度中央财政奖励的产粮大县名单确定。

2. 养殖业保险政策

2004年中央1号文件在宏观政策上支持养殖业保险，文件指出“支持主产区进行粮食转化和加工”，要“通过小额贷款、贴息补助、提供保险服务等形式，支持农民和企业购买优良畜禽、繁育良种”，即以养殖业保险形式支持我国养殖业发展，同时提出选择部分产品和地区开展政策性养殖业保险试点工作。

畜牧业的健康稳定发展关系国家粮食安全和社会稳定。为实现畜牧业现代化发展，保障农牧民收入增加，振兴农村经济，国务院于 2007 年 1 月 26 日发布了《国务院关于促进畜牧业持续健康发展的意见》，指出“要引导、鼓励和支持保险公司大力开发畜牧业保险市场，发展多种形式、多种渠道的畜牧业保险，加快畜牧业政策性保险试点工作，探索建立适合不同地区、不同畜禽品种的政策性保险制度”。在该文件发布后，中央相关部门开始针对政策性农业保险中的畜牧业保险单独出台政策文件。目前广泛应用的有能繁母猪保险和生猪保险等。

（1）能繁母猪保险。2011 年 7 月，《国务院办公厅关于促进生猪生产平稳健康持续发展防止市场供应和价格大幅波动的通知》提出“完善生猪饲养补贴制度。实施能繁母猪饲养补贴制度，是保护生猪生产能力的关键环节。各地要继续按照每头每年 100 元的标准，对能繁母猪发放饲养补贴，中央财政对中西部地区给予 60％的补助，对新疆生产建设兵团和中央直属垦区补助 100％”，并且提出了“落实好能繁母猪保险政策。按照现行规定，继续落实好能繁母猪保险保费补贴政策。建立更加严格的保险与耳标识别、生猪防疫和无害化处理联动机制，提高能繁母猪保险覆盖面”“完善能繁母猪补贴和保险制度、健全信用担保体系”的要求。

2019 年 9 月 6 日，中国银保监会办公厅、农业农村部办公厅《关于支持做好稳定生猪生产保障市场供应有关工作的通知》暂时将能繁母猪保险保额从 1 000～1 200 元增加至 1 500 元，育肥猪保险保额从 500～600 元增加至 800 元，并提出将结合《中央财政农业保险保费补贴管理办法》修订情况进一步统筹研究后续实施期限问题。

（2）生猪保险。生猪保险是以种猪、肉用猪为保险标的的养殖业保险。其保险标的为种猪、肉用猪自仔猪断乳分圈饲养开始至育肥出栏为止，保险期限一般为 6 个月，种猪自选作种用开始，保险期限为 1 年。

推进生猪保险，促进防疫工作，是落实国家扶持生猪生产政策的重要内容，有利于构建新型生猪产业保障体系，降低生猪养殖的经营风险。2019 年，国务院办公厅印发的《关于稳定生猪生产促进转型升级的意见》

提出，完善生猪政策性保险，提高保险保额、扩大保险规模，并与病死猪无害化处理联动，鼓励地方继续开展并扩大生猪价格保险试点。同年，中国银保监会办公厅会同农业农村部办公厅印发《关于支持做好稳定生猪生产保障市场供应有关工作的通知》，要求保险业优先做好生猪等重要农产品承保和到期续保工作，开通保险理赔绿色通道，加大农业保险产品开发力度，加强和改进农业保险服务。鼓励具备条件的地方把握时间窗口，持续开展并扩大生猪价格保险试点。

(3) 奶牛保险政策。2018年12月，农业农村部等9部门联合印发的《关于进一步促进奶业振兴的若干意见》强调，要加快确立奶农规模化养殖的基础性地位。强化养殖保险和贷款支持。完善奶牛养殖保险政策，提高保障水平，减少养殖风险。鼓励地方结合实际探索开展生鲜乳目标价格保险试点，稳定养殖收益预期。将符合条件的中小牧场贷款纳入全国农业信贷担保体系予以支持。为提升奶业竞争力，保障奶类供给安全，2022年农业农村部制定的《"十四五"奶业竞争力提升行动方案》提出，各地要结合实际，扩大奶牛政策性保险覆盖范围。

目前，我国奶牛保险已建立中央财政与地方财政（省、市、县三级）联动补贴奶牛保险保费的机制，各级财政对奶牛保险的补贴比例在75%～85%；其中中央财政的补贴比例，东部地区为40%，中西部地区为50%，新疆生产建设兵团、中央直属垦区、中国农业发展集团总公司为80%。

我国奶牛保险产品以"成本+死亡"保险为主，本质上属于低成本的死亡保险，主要是为奶业生产风险提供保险保障，保险责任多为因重大病害、自然灾害和意外事故等原因造成的投保奶牛直接死亡。在保障水平方面，一般参照投保奶牛的生理价值（包括购买价格和饲养成本）确定，多数省份根据奶牛品种、畜龄、胎次、产奶量和市场价值的不同，确定了多个档次的保障水平。如我国奶牛存栏量较大的五个省份之一内蒙古自治区划定奶牛保险金额分为6 000元、8 000元和10 000元三个档次。

三、财政税收政策

财政支持和税收减免是中央支持家庭农场和农民合作社等新型农业经

营主体发展的重要政策支持。中共中央办公厅、国务院办公厅印发的《关于加快构建政策体系培育新型农业经营主体的意见》要求，完善财政税收政策，加大新型农业经营主体发展支持力度，针对不同主体，综合采用直接补贴、政府购买服务、定向委托、以奖代补等方式，增强补贴政策的针对性和实效性。农机具购置补贴等政策要向新型农业经营主体倾斜。支持新型农业经营主体发展加工流通、直供直销、休闲农业等，实现农村一二三产业融合发展。扩大政府购买农业公益性服务机制创新试点，支持符合条件的经营性服务组织开展公益性服务，建立健全规范程序和监督管理机制。鼓励有条件的地方通过政府购买服务，支持社会化服务组织开展农林牧渔和水利等生产性服务。支持新型农业经营主体打造服务平台，为周边农户提供公共服务。鼓励龙头企业加大研发投入，支持符合条件的龙头企业创建农业高新技术企业。支持地方扩大农产品加工企业进项税额核定扣除试点行业范围，完善农产品初加工所得税优惠目录。落实农民合作社税收优惠政策。

（一）家庭农场财政支持

2019 年 8 月 27 日，中央农办、农业农村部等 11 部门联合印发《关于实施家庭农场培育计划的指导意见》，要求完善和落实财政税收政策。鼓励有条件的地方通过现有渠道安排资金，采取以奖代补等方式，积极扶持家庭农场发展，扩大家庭农场受益面。支持符合条件的家庭农场作为项目申报和实施主体参与涉农项目建设。支持家庭农场开展绿色食品、有机食品、地理标志农产品认证和品牌建设。对符合条件的家庭农场给予农业用水精准补贴和节水奖励。家庭农场生产经营活动按照规定享受相应的农业和小微企业减免税收政策。

贯彻落实党的十九届六中全会、中央经济工作会议、中央农村工作会议、中央 1 号文件精神，围绕巩固拓展脱贫攻坚成果、全面推进乡村振兴、加快农业农村现代化，按照“保供固安全、振兴畅循环”的工作定位，国家继续加大支农投入，强化项目统筹整合，推进重大政策、重大工程、重大项目顺利实施。为便于广大农民和社会各界了解国家强农惠农政策，发挥政策引导的作用，自 2019 年以来，财政部、农业农村部每年都会公布当年实施的重点强农惠农政策。例如，2022 年度的强农惠农财政支持政策涉及粮食生产支持、耕地保护与质量提升、种业创新发展、畜牧业健康发展、农业全产业链提升、新型经营主体培育、农业资源保护利用、农业防灾减灾、农村人居环境整治九大方面，现将其中与家庭农场有关的关于粮食生产支持方面的重点强农惠农政策部分摘录如下。

1. 实际种粮农民一次性补贴

为适当弥补农资价格上涨增加的种粮成本支出，保障种粮农民合理收益，2022年中央财政继续对实际种粮农民发放一次性农资补贴，释放支持粮食生产积极信号，稳定农民收入，调动农民种粮积极性。补贴对象为实际承担农资价格上涨成本的实际种粮者，包括利用自有承包地种粮的农民，流转土地种粮的大户、家庭农场、农民合作社、农业企业等新型农业经营主体，以及开展粮食耕种收全程社会化服务的个人和组织，确保补贴资金落实到实际种粮的生产者手中，提升补贴政策的精准性。补贴标准由各地区结合有关情况综合确定，原则上县域内补贴标准应统一。

2. 农机购置与应用补贴

开展农机购置与应用补贴试点，开展常态化作业信息化监测，优化补贴兑付方式，把作业量作为农机购置与应用补贴分步兑付的前置条件，为全面实施农机购置与应用补贴政策夯实基础。推进补贴机具有进有出、优机优补，推进北斗智能终端在农业生产领域应用。支持开展农机研发制造推广应用一体化试点。

3. 重点作物绿色高质高效行动

聚焦围绕粮食和大豆油料作物，集成推广新技术、新品种、新机具，打造一批优质强筋弱筋专用小麦、优质食味稻和专用加工早稻、高产优质玉米的粮食示范基地，同时集成示范推广高油高蛋白大豆、“双低”油菜等优质品种和区域化、标准化高产栽培技术模式，打造一批大豆油料高产攻关田，示范带动大范围均衡增产。适当兼顾蔬菜等经济作物，建设绿色高质高效示范田和品质提升基地。

4. 农业生产社会化服务

聚焦粮食和大豆油料生产，支持符合条件的农民合作社、农村集体经济组织、专业服务公司和供销合作社等主体开展社会化服务，推动服务带动型规模经营发展。支持各类服务主体集中连片开展单环节、多环节、全程托管等服务，提高技术到位率、服务覆盖面和补贴精准性，推动节本增效和农民增收。

5. 基层农技推广体系改革与建设

聚焦粮食稳产增产、大豆油料扩种、农产品有效供给等重点，根据不同区域自然条件和生产方式，示范推广重大引领性技术和农业主推技术，推动农业科技在县域层面转化应用。继续实施农业重大技术协同推广，激发各类推广主体活力，建立联动示范推广机制。继续实施农技推广特聘计划，通过政府购买服务等方式，从乡土专家、新型农业经营主体、种养能手中招募特聘农技（动物防疫）员。

6. 玉米大豆生产者补贴、稻谷补贴和产粮大县奖励

国家继续实施玉米和大豆生产者补贴、稻谷补贴和产粮大县奖励等政策，巩固农业供给侧结构性改革成效，保障国家粮食安全。

（二）家庭农场税收优惠

税收优惠是国家大力扶持农民合作社和家庭农场的重要支持政策，家庭农场同等享受国家扶持农业农村发展的所有涉农税收优惠政策。此外，2019 年国家税务总局出台了《关于支持脱贫攻坚税收优惠政策指引》，从支持贫困地区基础设施建设、推动涉农产业发展、激发贫困地区创业就业活力、推动普惠金融发展、促进“老少边穷”地区加快发展、鼓励社会力量加大扶贫捐赠六个方面，实施了 110 项推动脱贫攻坚的优惠政策。

1. 增值税

（1）农业生产者销售自产初级农产品。根据《中华人民共和国增值税暂行条例实施细则》的规定，农业生产单位和个人销售自产的初级农产品免征增值税。

（2）销售林木同时提供绿化工程。根据《财政部　国家税务总局关于全面推开营业税改征增值税试点的通知》，销售自产苗木同时提供绿化服务，对苗木部分免征增值税，提供的建筑服务应当按照建筑服务缴纳增值税。

（3）单纯销售外购的苗木。销售外购农产品部分不能免征增值税。对农民专业合作社销售本社成员生产的农业产品，视同农业生产者销售自产农业产品免征增值税。

（4）销售苗木同时提供养护服务。园林绿化工程的绿化养护属于植物保护范畴，根据《财政部　国家税务总局关于全面推开营业税改征增值税试点的通知》附件 3《营业税改征增值税试点过渡政策》的规定，“农业机耕、排灌、病虫害防治、植物保护、农牧保险以及相关技术培训业务，家禽、牲畜、水生动物的配种和疾病防治”免征增值税。所以提供绿化养护服务收入应当免征增值税。如果销售外购的苗木同时提供养护服务，应当分别核算，对销售货物部分不能免征增值税。

（5）免征蔬菜流通环节增值税。根据《财政部　国家税务总局关于免征蔬菜流通环节增值税有关问题的通知》规定，对从事蔬菜批发、零售的纳税人销售的蔬菜免征增值税。蔬菜是指可作副食的草本、木本植物，包括各种蔬菜、菌类植物和少数可作副食的木本植物。蔬菜的主要品种参照《蔬菜主要品种目录》执行。经挑选、清洗、切分、晾晒、包装、脱水、冷藏、冷冻等工序加工的蔬菜，属于本通知所述蔬菜的范围。

（6）免征鲜活肉蛋产品流通环节增值税。根据《财政部　税务总局关于免征部分鲜活肉蛋产品流通环节增值税政策的通知》规定，“自 2012 年 10 月 1 日起，对从事农产品批发、零售的纳税人销售的部分鲜活肉蛋产品免征增值税”。其中免征增值税的鲜活肉产品，是指猪、牛、羊、鸡、鸭、鹅及其整块或者分割的鲜肉、冷藏或者冷冻肉，内脏、头、尾、骨、蹄、翅、爪等组织；免征增值税的鲜活蛋产品，是指鸡蛋、鸭蛋、鹅蛋，包括鲜蛋、冷藏蛋以及对其进行破壳分离的蛋液、蛋黄和蛋壳。

2. 所得税

（1）企业所得税。《中华人民共和国企业所得税法》第二十七条规定，企业从事农、林、牧、渔业项目的所得等可以免征、减征企业所得税。《中华人民共和国企业所得税法实施条例》第八十六条规定，林木的培育和种植所得免征企业所得税；花卉、茶以及其他饮料作物和香料作物的种植减半征收企业所得税。

另据《国家税务总局关于实施农林牧业项目企业所得税优惠问题的公告》规定，企业从事林木的培育和种植的免税所得，是指企业对树木、竹子的育种和育苗、抚育和管理以及规模造林活动取得的所得，包括企业通过拍卖或收购方式取得林木所有权并经过一定的生长周期，对林木进行再培育取得的所得；企业将购入的农、林、牧、渔产品，在自有或租用的场地进行育肥、育秧等再种植、养殖，经过一定的生长周期，使其生物形态发生变化，且并非由于本环节对农产品进行加工而明显增加了产品的使用价值的，可视为农产品的种植、养殖项目享受相应的税收优惠；企业购买农产品后直接进行销售的贸易活动产生的所得，不能享受农、林、牧、渔业项目的税收优惠政策；观赏性作物的种植，按“花卉、茶及其他饮料作物和香料作物的种植”项目处理，即减半征收企业所得税。

(2) 个人所得税。根据《财政部　国家税务总局关于个人独资企业和合伙企业投资者取得种植业　养殖业　饲养业　捕捞业所得有关个人所得税问题的批复》规定，对个人独资企业和合伙企业从事种植业、养殖业、饲养业和捕捞业（以下简称“四业”），其投资者取得的“四业”所得暂不征收个人所得税。因此，个人或个人独资企业以及合伙企业从事农、林、牧种植所得免征个人所得税。

3. 土地使用税

根据《中华人民共和国城镇土地使用税暂行条例》的规定，直接用于农、林、牧、渔业生产用地，免征土地使用税。另据《财政部　国家税务总局关于房产税、城镇土地使用税有关政策的通知》规定，在城镇土地使用税征收范围内经营采摘、观光农业的单位和个人，其直接用于采摘、观光的种植、养殖、饲养的土地，按照直接用于农、林、牧、渔业的生产用地的规定执行，免征城镇土地使用税。

4. 房产税

根据《国家税务总局关于调整房产税和土地使用税具体征税范围解释规定的通知》规定，对农、林、牧、渔业用地和农民居住用房屋及土地，不征收房产税。

5. 契税

根据《中华人民共和国契税法》的规定，纳税人承受荒山、荒地、荒滩土地使用权用于农、林、牧、渔业生产的，免征契税。此处需注意的是，前提条件为土地性质必须是荒山、荒沟、荒丘、荒滩。

6. 耕地占用税

根据《中华人民共和国耕地占用税暂行条例》的规定，占用耕地、林地、牧草地、农田水利用地、养殖水面以及渔业水域滩涂等其他农用地建房或者从事非农业建设的单位或者个人，为耕地占用税的纳税人，应当按照规定缴纳耕地占用税。种植林木属于农业建设，因此，占用耕地、林地等种植苗木，不属于耕地占用税征税范围。另外，建设直接为农业生产服务的生产设施占用的农用地（林地、牧草地、农田水利设施用地、养殖水面以及渔业水域滩涂等），也不征收耕地占用税。

7. 印花税

根据《中华人民共和国印花税法》第十二条规定，农民、家庭农场、农民专业合作社、农村集体经济组织、村民委员会购买农业生产资料或者销售农产品书立的买卖合同和农业保险合同，免征印花税。

四、其他支持政策

（一）人才支持政策

2017 年，中共中央办公厅、国务院办公厅印发的《关于加快构建政策体系培育新型农业经营主体的意见》要求，支持人才培养引进。依托新型职业农民培育工程，整合各渠道培训资金资源，实施现代青年农场主培养计划、农村实用人才带头人培训计划以及新型农业经营主体带头人轮训计划，培养更多爱农业、懂技术、善经营的新型职业农民。办好农业职业教育，鼓励新型农业经营主体带头人通过“半农半读”、线上线下等多种形式就地就近接受职业教育，积极参加职业技能培训和技能鉴定。鼓励有条件的地方通过奖补等方式，引进各类职业经理人，提高农业经营管理水平。将新型农业经营主体列入高校毕业生“三支一扶”计划、大学生村官计划服务岗位的拓展范围。鼓励农民工、大中专毕业生、退伍军人、科技人员等返乡下乡创办领办新型农业经营主体。深入推行科技特派员制度，鼓励科研人员到农民合作社、龙头企业任职兼职，完善知识产权入股、参与分红等激励机制。建立产业专家帮扶和农技人员对口联系制度，发挥好县乡农民合作社辅导员的指导作用。

（二）社会保障政策

2019 年 8 月 27 日，中央农办、农业农村部等 11 部门和单位联合印发的《关于实施家庭农场培育计划的指导意见》要求，探索适合家庭农场的社会保障政策。鼓励有条件的地方引导家庭农场经营者参加城镇职工社会保险。有条件的地方可开展对自愿退出土地承包经营权的老年农民给予养老补助试点。

【本章参考文献】

高金平，2018. 农业产业化税收政策解析［J］. 中国税务（2）：53 - 56.

黄可权，2018. 新型农业经营主体金融服务体系创新研究［M］. 北京：中央财政经济出版社.

李丹，李鸿敏，2020. 农业保险政策［M］. 天津：南开大学出版社.

龙文军，等，2018. 现代农业保险政策与实务［M］. 北京：中国农业出版社.

田剑英，2018. 乡村振兴战略背景下新型农业经营主体的金融支持［M］. 北京：中央财政经济出版社.

习近平，2018. 论坚持全面深化改革［M］. 北京：中央文献出版社.

闫石，杨艳文，2022. 学思践悟习近平总书记关于农村基本经营制度重要论述［J/OL］. 中国社会科学网，2022 - 03 - 16.

中共中央党史和文献研究院，2019. 习近平关于“三农”工作论述摘编［M］. 北京：中央文献出版社.

中共中央文献研究室，2019. 十九大以来重要文献选编（上）［M］. 北京：中央文献出版社.

第 4 章　家庭农场的创新发展

家庭农场在巩固和完善我国农村基本经营制度、提高农业综合效益和竞争力、推动乡村振兴等方面发挥着重要作用。但当前一些家庭农场业务布局相对较窄，且更多分布于生产环节。家庭农场要想具备足够的市场竞争力，实现健康可持续发展，必须学会业务上的开拓创新，积极拓展农产品加工链条，实现产业发展的融合化、品牌化和电商化。

一、农产品加工

（一）农产品加工业概念和行业分类

农产品加工业覆盖面宽、产业关联度高、带动农民就业增收作用强，是农业现代化的重要标志和国民经济的重要支柱。一般认为，农产品加工业有广义和狭义之分。广义的农产品加工业，是指以人工生产的农业产品和野生动植物资源及其加工品为原料所进行的工业生产活动；狭义的农产品加工业，是指以农、林、牧、渔产品及其加工品为原料所进行的工业生产活动。这里可以将农产品加工分为初加工与深加工。

1. 初加工

农产品的初加工是指对农产品不涉及内在成分改变的加工。初加工只改变原料的表面状况，如尺寸、形状、清洁度、含杂状况或质量分级。农产品产地初加工主要包括产后净化、分类分级、干燥、预冷、储藏、保鲜、包装等环节。

初加工特点是投资少，技术较易掌握，基本可保持原料中的各种营养成分，产生的废料少，产品的附加值也相对较小。农产品的初加工较为适合那些资金实力较弱、对技术了解、掌握不多，初次踏入产品加工领域的家庭农场。

农产品产地初加工是农产品加工业的关键环节和基础，产地初加工产业的发展，有助于延长农产品的贮藏时间，减少产后损失，稳定和提升农产品品质；有助于延伸农业产业链条，推动当地优势农业产业的产加销一体化发展，提升产业附加值；有助于为当地农民提供创业就业机会，促进家庭农场等新型农业经营主体成长，提升农民收入水平；有助于解决农产品集中上市导致的供求关系失衡和市场价格波动，实现农产品的错季销售和均衡供应；还有助于推广具有较高科技含量的农产品初加工机械装备，普及先进适用的农产品初加工技术，增强产业竞争力。简单而言，产地初加工业发展有助于实现农产品的减损、增供、保质、增效，使农民生产的农产品能够存得住、卖得出、挣得多。

2. 深加工

农产品的深加工是指对蛋白质资源、植物纤维资源、油脂资源、新营养资源及活性成分，以物理、化学或生物办法来提取和利用。如果汁饮料加工、酒类加工等。

深加工的特点是：投资较大、规模较大、技术含量较高、产品的附加值较高，社会效益也相对较高，同时还可以在一定的地域内带动某一农产品实现产业化发展。家庭农场一般无独立能力开展深加工业务，可以考虑通过领办创办农民专业合作社或者参股农产品加工企业，借助这些具备了一定资金、技术和市场渠道的市场主体进行产业链条延伸，这样也更有可能获得产业增值增效空间。

（二）农产品加工项目的确定

对于家庭农场而言，要开展农产品初加工业务并不容易，需要根据自身条件、市场、销售等情况开展可行性研究。一个正式的项目可行性研究可能涉及内容较多，也较为复杂。在确定开展农产品加工项目之前，需要考虑以下几个方面因素。

（1）基本情况与条件。如家庭农场拥有的厂房条件、人员情况、技术力量和设备情况等。

（2）市场需求情况和生产规模。当前该产品的市场需求情况，以及已有和在建的生产能力。

（3）产品销售情况。产品潜在销售数量、销售方式和主要销售渠道等。

（4）原材料和辅料等的落实情况。尤其是需要评估家庭农场的自有基地产能能多大程度满足原料供应，同时也要评估其他辅料供给的可靠性等。

（5）生产技术情况。产品制造工艺过程和工厂工艺布置；引进技术的内容、方式、报酬、支付方式；掌握技术的能力及采取的措施。

（6）设备选择。计划选购的设备清单，大概价格估算和总体的设备采购成本确定。

（7）环境保护及劳动安全情况。生产过程中产生的废水、废气、废液等的处理方法、费用估算；劳动安全、卫生设施及其依据。确保符合有关法律法规等要求。

（8）厂址选择、土地租用及土建工程规模。厂址选择及其依据，确保场地已经获得有关部门审批；新建或改扩建的土建工程规模、建设周期和各项费用估算；场地使用费估算。

（9）生产组织安排。包括职工总数，兼职或者专职聘请安排。同时，明确加工项目最终以家庭农场方式经营，还是另外独立申请设立公司或者加入农民专业合作社法人主体。

（10）总投资及投资方式。总投资估算、注册资本金、自有资金、各方投资比例和投资方式；资金来源及落实情况。

（11）经济效益分析。成本估算（总成本及单位产品成本）、投资利润率和投资回收期、利润分配方案、投资风险分析。

（三）我国农产品加工业支持政策

“十二五”期间，我国农产品加工业总体规模保持了稳定，行业发展质量效益明显提升，行业结构和布局持续优化，转型升级不断加快。2020年，农产品加工业营业收入约 23.5 万亿元，规模以上农产品加工企业超过 8.1 万家；加工转化率提升到 68%，比 2015 年提升 3 个百分点；农产品加工业与农业总产值比重提升到 2.4∶1，比 2015 年提高 11.1%。

2017 年以来，全国建设 811 个农业产业强镇、2 个国际农产品加工产业园、151 个国家级现代农业产业园和 50 个优势特色产业集群，大幅提升了农产品加工技术装备水平，引导农产品加工企业与小农户建立契约型、分红型、股权型等合作方式，推广“订单收购＋分红”“土地流转＋优先雇用＋社会保障”“农民入股＋保底收益＋按股分红”等多种利益联结方式，促进利益分配重点向产业链上游倾斜，促进农民持续增收，让农民更多更好地分享加工业发展红利。当前，农产品加工业共吸纳了 3 000 多万人就业，辐射带动 1 亿多小农户增收。

2016 年国务院办公厅印发《关于进一步促进农产品加工业发展的意见》（以下简称《意见》），对今后一个时期我国农产品加工业发展作出全面部署。《意见》提出，到 2025 年，农产品加工转化率达到 75%，农产品加工业与农业总产值比重进一步提高，基本接近发达国家农产品加工业发展水平。《意见》从四个方面部署推进农产品加工业发展。

（1）优化结构布局。推进农产品加工业向优势产区集中布局，明确大宗农产品主产区、特色农产品优势区、大中城市郊区及都市农业区和贫困地区的发展重点。统筹农产品初加工、精深加工及主食加工等协调发展。

（2）推进多种业态发展。支持农民合作社、种养大户、家庭农场发展加工流通。鼓励企业打造全产业链，让农民分享加工流通增值收益。创新模式和业态，利用信息技术培育现代加工新模式。推进加工园区建设，创建产业集群和融合发展先导区，建设农产品加工特色小镇。

（3）加快产业转型升级。提升科技创新能力，强化协同创新机制，建设一批农产品加工技术集成基地。加速科技成果转化推广，鼓励建设科技成果转化交易中心，支持科技人员以科技成果入股加工企业。提高企业管理水平，引导企业依标生产，提升质量水平，培育知名品牌。加强人才队伍培养，培育一批经营管理队伍、科技领军人才、创新团队、生产能手和技能人才。

（4）完善相关政策措施。加强财政支持，支持符合条件的加工企业申请有关支农资金和项目。完善税收政策，扩大农产品增值税进项税额核定扣除试点行业范围，落实农产品初加工企业所得税优惠政策。强化金融服务，加大信贷支持力度，扩大担保业务规模，创新“信贷＋保险”、产业链金融等服务模式。改善投资贸易条件，支持社会资本从事农产品加工、流通。落实用地用电政策，执行农产品初加工用地政策。

（四）农产品加工业发展前景

当前，我国农产品加工业发展呈现稳中有进的较好局面，但创新能力总体不强、开发层次较浅、质量效益不高等问题仍然存在。农产品加工产值与农业总产值比重仍低于发达国家 3.5∶1 的水平，农产品加工转化率比发达国家低近 18 个百分点，深度开发和转型升级任务繁重。

国务院印发的《“十四五”推进农业农村现代化规划》明确提出，开展农产品精深加工，在主产区和大中城市郊区布局中央厨房、主食加工、休闲食品、方便食品、净菜加工等业态，满足消费者多样化个性化需求。支持农产品加工业向县域布局，引导农产品加工流通企业在有条件的镇（乡）所在地建设加工园区和物流节点。在农牧渔业大县（市）建设一批农产品加工园，打造一批国际农产品加工园，创建一批农产品加工示范企业。农业农村部也计划重点做好以下几项工作。

1. 聚焦精深加工

鼓励和支持农民合作社、家庭农场和中小微企业等发展农产品产地初加工，促进农产品顺利进入市场和后续加工环节。引导大型农业企业发展精深加工，开发类别多样、营养健康、方便快捷的系列化产品。实现农产品加工业发展宜初则初、宜精则精、宜深则深，能加工尽加工。

2. 着力优化布局

针对种养在农村、加工在城市的二元格局，进一步优化空间布局，统筹谋划产区、销区和园区。推进农产品加工向产地下沉，向优势区域聚集，向中心镇（乡）和物流节点聚集，向重点专业村聚集。推进农产品加工与销区对接，丰富加工产品，培育加工业态。推进农产品加工向园区集中，提升农产品加工园，建设国际农产品加工产业园。

3. 加快集成创新

推进加工技术创新，以农产品加工关键环节和瓶颈制约为重点，组织科研院所、大专院校与企业联合开展技术攻关。推进加工装备创制，扶持一批农产品加工装备研发机构和生产创制企业，开展加工技术与信息化、智能化、工程化装备研发。

（五）家庭农场开展农产品加工业的路径

鉴于家庭农场的组织特点和规模情况，其开展农产品加工业务可以围绕以下路径推进。

1. 积极开展农产品分级分选业务

家庭农场可以认真定位农场产品构成情况谋划初加工业务，如在蔬菜初加工领域，重点建设选拣、切分、清洗、分级、包装、预冷保鲜等装备生产线。在水果初加工领域，重点建设果品无损检测、分级分选、杀菌包装、智能预冷冷藏等成套装备。无论哪个产品领域，最终目标都是致力于提高农产品商品化处理率。需要提醒的是，家庭农场可以积极争取财政部门和农业农村部门联合开展的农产品产地冷藏保鲜设施建设项目的支持，以降低项目建设投入成本。

2. 积极探索农产品副产物综合处理

针对家庭农场初加工后剩余的果皮果渣、菜叶菜帮等副产物，可以尝试引入生物发酵和高效提取、分离等先进设备，综合利用果皮果渣、菜叶菜帮等副产物，开发饲料、肥料、基料以及果胶、精油、色素等产品，实现变废为宝。

3. 积极参与农产品精深加工业务

考虑到农产品精深加工业务需要投入大量的资金和技术研发等财力物力，也需要优秀的专业人才支持，因此多数家庭农场并不具备开展精深加工业务的实力。对于绝大多数家庭农场而言，更加现实的思路是，和精深加工企业建立起订单合作业务，或者在财力可及的情况下参股精深加工公司，以实现更好的利润分享。

二、一二三产业融合发展

（一）一二三产业融合发展概念

促进农村一二三产业融合发展可以理解为以农业为基本依托，通过产业联动、产业集聚、技术渗透、体制创新等方式，将资本、技术以及资源要素进行跨界集约化配置，使农业生产、农产品加工和销售、餐饮、休闲以及其他服务业有机地整合在一起，使得农村一二三产业之间紧密相连、协同发展，最终实现农业产业链延伸、产业范围扩展和农民收入增加。在表现形式上，既可以以农业为基础，向农产品加工业、农村服务业顺向融合的方式，如兴办产地加工业、建立农产品直销店、发展农业旅游；也可以采取依托农村服务业或农产品加工业向农业逆向融合的方式，如依托大型超市，建立农产品加工或原料基地等。

在很多情况下，农村一二三产业融合来自加工企业的带动。例如红枣加工企业，能带动大量的农民种植优质红枣；生猪的屠宰加工企业，可以带动大量农民饲养生猪。同时第一产业的发展也会催生第三产业的融入。例如，在油菜种植地区，油菜花开时节可以催化观光旅游业的发展；西南地区的水稻梯田，也有同样的农业旅游效果；而一些生态园区的建立，更是直接把采摘、品尝、农家乐等与水果、蔬菜和花卉生产密切联系到一起，真正融合了一产和三产。

2018 年印发的《农业农村部关于实施农村一二三产业融合发展推进行动的通知》对一二三产业融合内涵进行了比较清晰的界定，即以农民分享产业链增值收益为核心，以延长产业链、提升价值链、完善利益链为关键，以改革创新为动力，加强农业与加工流通、休闲旅游、文化体育、科技教育、健康养生和电子商务等产业深度融合，增强“产加销消”互联互通性，形成多业态打造、多主体参与、多机制联结、多要素发力、多模式推进的农村产业融合发展体系。

（二）一二三产融合发展的政策

党的十八大以来，各级农业农村部门认真贯彻中央决策部署，把农村一二三产业融合发展作为农业农村经济转型升级的重要抓手和有效途径。2015 年国务院办公厅发布的《关于推进农村一二三产业融合发展的指导意见》更是让这项工作有了整体的政策布局。2019 年，国务院发布《关于促进乡村产业振兴的指导意见》，其中明确提出要促进产业融合发展，增强乡村产业聚合力，在培育多元融合主体、发展多类型融合业态、打造产业融合载体和构建利益联结机制等维度进行具体工作部署，进一步明确了有关政策思路和任务要求。

农业农村部认真贯彻党中央工作部署，于 2018 年先后印发四个通知部署相关工作，包括大力实施农产品加工业提升行动、乡村就业创业促进行动、休闲农业和乡村旅游升级行动、农村一二三产业融合发展推进行动。乡村产业的大融合、大发展，极大加快了现代种养业、农产品加工流通业的发展进程，产业链在延长，供应链在优化，价值链在提升。2019 年，农业农村部印发《全国农村一二三产业融合发展先导区创建名单的通知》，确认天津市蓟州区等 153 个县（市、区）为全国农村一二三产业融合发展先导区创建单位。2020 年，农业农村部印发《全国乡村产业发展规划（2020—2025 年）》，进一步明确了培育多元融合主体、发展多类型融合业态、建立健全融合机制等的具体任务部署。

（三）一二三产业融合发展的成效

“十三五”期间，各地以产业融合发展为路径，充分依托乡村资源，发掘农业新功能新价值，逐步构建多主体参与、多业态打造、多要素集聚、多利益联结、多模式创新“五多协同”发展格局，农村新产业新业态蓬勃发展。休闲农业和乡村旅游景点2019年接待游客32亿人次，比2015年增加10亿人次、增幅45.5%，营业收入超过8 500亿元，比2015年增长93.2%。2019年，农林牧渔业专业及辅助性活动产值6 500亿元，各类涉农电商超过3万家，农村网络销售1.7万元，其中农产品网络销售额3 975亿元。截至2019年，各类返乡入乡创新创业人员累计达850万人，有80%创办了农村产业融合项目。2020年返乡入乡创新创业人员达到1 010万人，有50%以上利用信息技术创新创业，技术层次不断提升。产业融合由种养向纵向延伸、横向拓展，采用的技术范围更广。创办的实体有87%在乡镇以下，80%以上发展了产业融合项目。同时，与农户签订订单的龙头企业占比达到55%，1亿农户与农业产业化龙头企业签订了订单，签约农户经营收入超过未签约农户50%以上。据不完全统计，产业融合发展使农户经营收入增加了67%，采取订单方式带动农户的占55%，融合主体年平均向农户返还或分配利润500多元。

更值得关注的是，“十三五”期间全国发展农村产业多种融合模式，推进政策集成、要素集聚、功能集合和企业集中。

一是在农业“内向”融合上，推动种植业与农牧渔业内部交叉重组，催生“林下养鸡”“稻田养鱼（虾、蟹）”“稻鸭共生”等业态，稻渔综合种养超过3 000万亩，形成以绿色循环为特征的融合类型。

二是在产业“顺向”融合上，将全产业链、全价值链等引入农业，推动农业与加工流通融合，催生主食工厂化、中央厨房、农商直供、直供直销、个人定制等业态，形成以产业链条延伸为特征的融合类型。

三是在功能“横向”融合上，促进农业与文化教育、旅游餐饮等产业融合，让农业有文化说头、休闲玩头、景观看头，实现空气变人气、田园变公园、农产品变商品，形成拓展农业功能、以休闲体验为特征的融合类型。

四是在新技术“逆向”融合上，促进农业与信息产业融合，利用互联网催生智慧农业、直播农业、农村电子商务等，形成以信息化为引领的融合类型。

五是在与城镇“万向”融合上，在农业产业园、加工产业园、物流配送园和特色村镇等引入社区和城镇元素，促进乡村（镇）融合，催生出特色小镇、美丽乡村、产城园区等融合类型。

(四) 一二三产业融合发展前景

目前，农村产业融合发展仍存在一些问题，比如部分地方认识还不足，政策落实不到位；有些地方融合发展水平不高，产加销环节衔接不紧密，产业链延伸、价值链提升不充分；有些地方的企业和农民利益联结机制还不完善，农民分享全产业链增值收益还不够。

国务院印发的《“十四五”推进农业农村现代化规划》明确提出，要加快建设产地贮藏、预冷保鲜、分级包装、冷链物流、城市配送等设施，构建仓储保鲜冷链物流网络。推动农业与旅游、教育、康养等产业融合，发展田园养生、研学科普、农耕体验、休闲垂钓、民宿康养等休闲农业新业态。农业农村部也将在“十四五”期间进一步采取如下举措。

一是延伸链条带动，拓展发展新空间。以延长产业链、打造供应链、提升价值链为主线，拓宽乡村特色产业、乡村休闲旅游业等的发展空间。

二是融合发展促动，形成发展新模式。进一步培育多元融合主体，发展多类型融合业态，建立健全融合机制，促进农村一二三产业融合发展。

三是集聚发展推动，打造发展新高地。推进政策集成、要素集聚、企业集中、功能集合，支持发展一批“一村一品”、农产品加工园、农业产业强镇、现代农业产业园、优势特色产业集群，构建乡村产业“圈”状格局。

四是培育主体拉动，构建发展“新雁阵”。以深入推进农业产业发展为主线，重点培育乡村企业，壮大农业产业化龙头企业队伍，形成国家、省、市、县级梯队。

五是创新创业驱动，培育发展新动能。培育返乡创业、入乡创业、在乡创业三支创业大军，形成以创新带创业、以创业带就业、以就业促增收的格局。

（五）家庭农场开展一二三产业融合的路径

家庭农场应积极融入三产融合发展浪潮，在充分发挥自身农业生产优势的同时，注重学习、借鉴、探索适合自己的“接二连三”模式。就目前情况来说，建议家庭农场着重把握以下三种推进三产融合的现实途径。

1. 围绕“地产地销”，做足多功能农业这篇大文章

对于农产品特别是鲜活农产品，远距离运输往往会导致其有较大消耗乃至损毁，而“地产地销”则能让消费者尽可能就近消费产地农产品，这既有利于保持农产品的新鲜度，又能节约运输费用，减少不必要的损耗。更为重要的是，“地产地销”能很好地强化家庭农场的市场意识，能围绕消费者组织生产、加工与流通，顺势开发农业多种功能，发展以观光、采摘为主的休闲农业与乡村旅游，把生产出来的东西再加工，直接卖给消费者和观光客，同时可以发展餐饮、住宿，通过农业相关产业联动集聚，推动生产要素跨界配置与有机整合，将加工流通、休闲观光与消费环节的收益留在本地、留给农民。

2. 通过自我积累或巧借外力，实现产加销一体化

有一定积累、发展实力强的家庭农场要积极延伸产业链条，尽快涉足加工流通环节，让农民不仅分享种养业，还要分享加工流通带来的增值收益。现阶段还可以考虑参与到农业产业化龙头企业或农民合作社当中，成为他们的股东或成员，借力大中型市场主体让家庭农场从中受益。

3. 积极拥抱电子商务等新技术、新理念，实现多业态融合发展

家庭农场一方面可以深化对“消费导向”的认知，依托大数据密切关注社会人口结构的变化及其对农业需求的影响，深入研究不同类型、不同年龄人群的消费行为、消费方式、消费结构差异；另一方面借助信息化等力量实现网络连接，缩短供求双方之间距离，优选市场定位、瞄准细分市场，积极尝试电子商务、短视频、直播等工具方法。最终积极将新技术、新理念、新商业模式等引入农业，改造传统农业，推进各业态间融合互促。

三、农产品品牌建设

（一）农产品品牌的概念

在《牛津大辞典》中，品牌被定义为："用来证明所有权，作为质量的标志或其他用途。"而按照美国市场营销协会的定义，品牌是用以识别某人或某群销售者的产品或劳务，并使之同竞争对手的产品和服务相区别的名称、术语、标记、符号或设计及其组合。这一定义被广泛接受。由这个定义可以看出，农产品品牌是一种用以区别不同商品的符号，无论这种符号是语言还是图案，也不管这种符号是与听觉还是视觉相关。

（二）农产品品牌建设的政策

"十三五"以来，党中央、国务院大力推动品牌强国战略，我国农产品品牌建设力度空前，发展进程加速，受到全社会高度关注，实现了区域公用品牌、企业品牌、产品品牌"新三品"协同发展格局。

2016 年国务院印发《关于发挥品牌引领作用推动供需结构升级的意见》，明确提出农业品牌建设路径。农业部将 2017 年确定为"农业品牌推进年"，组织召开全国农业品牌推进大会，总结农业品牌建设经验，部署新时期工作重点，为农业品牌建设指明了方向。农业农村部 2018 年印发的《关于加快推进品牌强农的意见》明确了品牌强农主攻方向、目标任务和政策措施；2019 年启动中国农业品牌目录制度建设，指导发布了《中国农业品牌目录制度实施办法》《中国农产品区域公用品牌建设指南》等文件，旨在构建现代农业品牌管理体系，引导规范农业品牌建设。2022 年，农业农村部办公厅还印发了《农业品牌精品培育计划（2022—2025 年）》，强调要夯实品牌培育基础、提升品牌营销能力、提高管理服务水平和营造品牌消费环境。

其中，《关于加快推进品牌强农的意见》明确提出五大主要任务，主要内容如下。

一是筑牢品牌发展基础。将品质作为品牌发展第一要义。建设一批规范标准、生态循环的农产品种养加基地。着力构建现代农业绿色生产体系，将绿色生态融入品牌价值。大力推进标准体系建设，建立健全农产品生产标准、加工标准、流通标准和质量安全标准。加强绿色、有机和地理标志认证与管理。加快构建农产品质量安全追溯体系，强化农产品质量安全全程监管。加强品牌人才培养。

二是构建农业品牌体系。制定具有战略性、前瞻性的品牌发展规划。构建特色鲜明、互为补充的农业品牌体系，提升产业素质和品牌溢价能力。结合粮食生产功能区、重要农产品生产保护区及现代农业产业园等园区建设，积极培育粮棉油、肉蛋奶等“大而优”的大宗农产品品牌。以新型农业经营主体为主要载体，创建地域特色鲜明“小而美”的特色农产品品牌。打造具有较强竞争力的企业品牌。

三是完善品牌发展机制。建立农业品牌目录制度，组织开展品牌目录标准制定、品牌征集、审核推荐、评价认定和培育保护等活动，发布品牌权威索引，引导社会消费。目录实行动态管理，对进入目录的品牌实行定期审核与退出机制。鼓励和引导品牌主体加快商标注册、专利申请、“三品一标”认证等，规范品牌创建标准。建立健全农业品牌监管机制，加大套牌和滥用品牌行为的惩处力度。加强品牌中介机构行为监管，严格规范品牌评估、评定、评价、发布等活动，禁止通过品牌价值评估、品牌评比排名等方式变相收费。

四是挖掘品牌文化内涵。深入挖掘农业的生产、生活、生态和文化等功能，积极促进农业产业发展与农业非物质文化遗产、民间技艺、乡风民俗、美丽乡村建设深度融合，加强老工艺、老字号、老品种的保护与传承，培育具有文化底蕴的中国农业品牌。充分挖掘农业多功能性，使农业品牌业态更多元、形态更高级。充分利用各种传播渠道，开展品牌宣传推介活动，加强国外受众消费习惯的研究，在国内和国外同步发声，增强中国农业品牌在全世界的知名度、美誉度和影响力。

五是提升品牌营销能力。全面加强品牌农产品包装标识使用管理，提高包装标识识别度和使用率。充分利用农业展会、产销对接会、产品发布会等营销促销平台，借助大数据、云计算、移动互联等现代信息技术，拓宽品牌流通渠道。探索建立多种形式的品牌农产品营销平台，鼓励专柜、专营店建设，扩大品牌农产品市场占有率。大力发展农业农村电子商务，加快品牌农产品出村上行。加大海外营销活动力度，支持有条件的农业企业“走出去”，鼓励参加国际知名农业展会，提升我国农业品牌的影响力和渗透力。

（三）农产品品牌建设的成效

截至 2022 年底，全国农产品注册商标数量超过 500 万件。其中，种植业品牌培育有力，尤其是粮油品牌建设，推出一批具有较高市场知名度、美誉度和竞争力的粮油名牌产品。畜牧业品牌影响力不断提升，培育出一大批具有影响力的乳业和特色畜产品品牌。乡村特色品牌加快发展，创响一批“土字号”“乡字号”特色产品品牌。同时，农业农村部充分发挥农业展会在品牌营销推介、产销对接等方面的积极作用，利用中国国际农产品交易会、中国国际茶叶博览会等国内知名农业展会，以“品牌强农”为主题，举办推介专场、高峰论坛、品牌大会等一系列高端品牌活动，其中省部长推介农产品专场、“我为品牌农产品代言”名人公益推介、“乡人乡味”农民推介、“稻花香里说丰年”市县长推介等一系列高端品牌推介活动开创了我国农业品牌营销新模式。农业农村部还组织动员农民日报社、中国农业电影电视中心、中国农村杂志社、农业农村部信息中心、中国农业出版社等单位，大力开展农业品牌宣传推介，利用新闻媒体讲品牌，相继出版《中国特色农产品精粹》《百强品牌故事：中国百强农产品区域公用品牌故事汇》等。2019 年，共刊发相关报道 1 000 余篇，制作的短视频、公益宣传片累计投放 300 余次，在新媒体平台宣推信息 700 余条。

（四）农产品品牌建设发展前景

当前，我国农业品牌尚处在初级发展阶段，在思想认识、发展基础、建设主体、监管保护、影响力等方面仍存在突出问题。比如品牌建设认识存在误区，品牌建设基础尚待加强，品牌建设主体力量薄弱，品牌保护意识和能力不强，品牌影响力有待提升。整体上我国农业品牌仍处于产品多、品牌少，普通品牌多、知名品牌少，区域品牌多、国际品牌少的状态。

为了解决上述问题，国务院印发的《“十四五”推进农业农村现代化规划》明确提出，要实施农业生产“三品一标”提升行动，包括打造 300 个以上国家级农产品区域公用品牌、500 个以上企业品牌、1 000 个以上农产品品牌。

农业农村部也将在“十四五”期间重点开展以下五个方面的工作。一是建立健全农业品牌政策扶持体系。鼓励将农业品牌培育作为涉农项目和重大工程中的重点内容，深入推进中国农业品牌目录制度建设。二是加快农业品牌标准建设。围绕区域公用品牌、企业品牌和产品品牌，构建农业品牌评价标准体系。三是创新开展农业品牌营销。深入挖掘农耕文化价值，充分利用中国品牌日、中国农民丰收节等平台，推动“文化＋技术＋平台”与品牌营销深度融合，提升中国农业品牌知名度、美誉度和影响力。四是加强专业人才培养。依托科研院所、行业协会等培育一批农业品牌理论研究人才，培训一批农业品牌经营管理人才，培养一批农业品牌营销推广人才。五是实施农业品牌海外营销计划。优先支持国内优秀农业品牌参加国际知名展会，支持建立境外农业品牌展示展销中心，打造一批具有国际竞争力的知名农业品牌。

（五）家庭农场开展农产品品牌建设的路径

农产品品牌建设虽然具有农业产业特殊性，但其一般路径、共同规律仍然可以供家庭农场遵循借鉴。

1. 合理定位

品牌定位是指企业关于品牌价值取向及个性差异的原则性决策，以满足消费者的某种偏爱和需求，其目标是获取行业的竞争优势。成功的品牌定位，也是有效界定细分市场的过程，关键点包括：品牌核心价值观；与消费者建立长期的、稳固的关系；为企业的产品开发和营销计划指引方向。

一般而言，家庭农场开展农产品品牌定位可以从三个方面进行。一是竞争导向，明确三个中心问题，即竞争对手的品牌定位是什么，目标市场上消费者满足程度怎么样，本企业能做什么和怎么做。二是突出特征，即根据产品品种特性、产地特性、技术特性等方面的优势，进行品牌的差异化定位。三是文化植入，既要关注产品在有形因素上的不同之处，也要注意产品所包含的文化特征、健康理念等无形因素，满足消费者精神与情感的需求，以利在同质化严重的竞争中脱颖而出。

对于家庭农场而言，首先，需要对市场进行仔细研究，发现潜在的机会。其次，寻找核心价值，以核心价值基础构建品牌背书。再次，找到合理支点，物质层面可以从色、香、味、形、触五感着手，情感层面可以从文化、历史、故事的内涵着手。也可以开创新品类，推出新品种或新的技术改良，给消费者崭新的消费体验；还可以占领一块区域（细分市场）进行品牌营销，既建立与域内消费者的情感联系，又吸引域外消费者兴趣，借此形成精准合理的品牌定位。

合理定位后，家庭农场还需要进行品牌设计。品牌设计是文字、标志、符号、颜色、图案等要素的组合，目的是增加品牌可识别度，提高市场竞争力。品牌设计包括有形的品牌名称设计和品牌标志设计，也包括无形的品牌理念设计。

品牌名称设计需要遵循九项原则，即简洁明快、个性独特、新颖别致、读音响亮、高雅出众、启发联想、与标志一致、适应地域文化以及受法律保护。品牌标志设计也要遵循一定原则，即简洁鲜明、独特新颖、准确相符、优美精致，以及稳定适时。以上，对于家庭农场农产品品牌的设计同样适用。

2. 精心培育

家庭农场的农产品品牌培育需要全产业链协同、多主体参与。其中，政府部门除了要做好农产品品牌建设的整体规划外，尤其需要着力围绕农业标准化建设、农产品质量安全监管、新型农业经营主体培育等方面，强化品牌建设的产业基础。

在农业标准化建设方面，需要从农业生产基地标准、生产技术规程、产品质量标准、产后分级、包装设计、物流运输等方面，形成“从田间到餐桌”的全程质量控制标准体系，并要加大标准执行力度。

在强化农产品质量安全监管方面，需要加强农业产地环境监测，统一对品牌农产品开展定期抽检，建立健全监测结果通报制度和质量诚信体系；严厉查处违禁农药生产、销售、使用和非法添加等违法行为，并积极搭建品牌农产品质量追溯管理平台。

在新型农业经营主体培育方面，需要充分发挥农业产业化龙头企业、农民合作社等新型农业经营主体在品牌建设中的主体作用，引导他们积极申请农产品商标注册、创建优势品牌；鼓励农业企业进行品牌整合，组建集团公司，构建集群发展格局，并积极引导其带动家庭农场的参与和发展。

3. 立体推广

品牌推广是家庭农场农产品品牌价值传递的关键一步，品牌推广要形成一套组合拳。品牌推广需要创建易记易传播的品牌名和口号，通过视觉、声音、语言及各种各样的符号，与消费者进行精神层面的沟通。需要赋予品牌一种精神内核，要有真实可信的好故事，能够体现品牌的价值观，品牌所蕴含的意义、象征、个性、情感、品位等综合因素加总在一起，形成品牌精神。需要找到目标人群喜欢的方式方法进行沟通，应实现活动内容线上线下融合互促：线上与电商平台合作，探索新零售渠道；线下举办产品发布会、终端体验、展示展销等活动。

就具体的行动举措而言：政府部门需要完善、规范和强化农产品品牌的推介、评选等活动，为名优农产品品牌的传播与推广提供良好的展示平台；行业协会或行业主管部门可以定期举办或组织参加各种农产品贸易博览会、农业文化遗产评选等活动；家庭农场等市场主体可以通过热点媒介，如电视台、报纸、新媒体等进行农产品品牌的宣传推广；行业协会或企业应建立自身的农产品品牌产品信息网络，利用现代化信息手段进行推广宣传。

4. 有效管理

家庭农场开展品牌创建前后需要采取一系列工作，实现品牌的有效管理。政府部门需要强化对品牌企业、家庭农场等市场主体的行为监督。在进行品牌注册前，做好经营者合法性、产品质量安全性、宣传真实性等方面的审查；在农产品销售过程中，对质量认证和名优特产品进行核实，并鼓励大众参与监管。要加强农产品商标和地理标志管理，防止商标被恶意抢注和侵权行为，严厉打击假冒伪劣行为，切实保护农产品品牌形象。此外，政府还应建立灵活有效的品牌授予和监督制度，防止区域公用品牌的滥用。行业协会须加强对本地区农业品牌的监管和指导，打假扶优，理顺经营秩序，避免恶性竞争，使农业品牌管理工作健康有序开展。家庭农场等品牌持有者也要增强自身品牌保护意识，依靠法律手段加强农产品品牌保护，成立企业的自律组织，互相监督侵害品牌权益行为，强化市场自我保护。

四、农村电商发展

改革开放以来，我国农产品市场规模不断扩大，流通基础设施逐步完善，市场主体多元化发展，流通模式不断创新。特别是随着城乡居民收入水平的持续提高，智能手机等移动终端普及，交通物流体系日益健全，以传统农批农贸市场为典型的农产品流通体系已经无法有效满足城乡居民的品质生活需要。在此背景下，农村电子商务开始逐步发展起来。

（一）农村电子商务的概念

电子商务是以信息网络技术为手段、以商品交换为中心的商务活动。自 1996 年国家信息化工作领导小组成立以来，中国电子商务发展已经经过了 20 个年头。互联网行业实现了跨越式发展，基础支撑、创新驱动、融合引领作用更加凸显，在国民经济和社会中的地位显著提升。截至 2022 年 12 月，我国网民规模达 10.67 亿人，互联网普及率达 75.6%。其中，我国农村网民规模达 3.08 亿人。

（二）农村电子商务的政策

党中央、国务院高度重视农业农村电子商务工作，“十三五”期间出台了发展农村电子商务、跨境电商等系列文件，同时中央 1 号文件、相关规划及双新双创、“互联网＋”、信息消费等文件中都把农村电商作为重要内容，作出部署。农业农村部积极贯彻落实党中央、国务院部署安排，2015 年以来，会同国家发展改革委、财政部、商务部等部门，先后印发了《农业电子商务试点方案》《推进农业电子商务发展行动计划》《关于深化农商协作大力发展农产品电子商务的通知》等文件，不断探索农村电商发展模式，构建支持农村电商发展的政策体系。在总结前期经验基础上，按照国务院部署要求，2020 年农业农村部组织实施“互联网＋”农产品出村进城工程，针对农产品上行的瓶颈制约，建立健全适应农产品网络销售的供应链体系、运营服务体系和支撑保障体系；组织开展农业电子商务“平台对接”专项行动、苹果电商销售月行动、丰收购物节、丰收消费季等农产品产销对接专项活动；在农交会、双新双创博览会上，组织电商企业展区，举办系列电商企业论坛，营造农村电商发展的良好环境。2020 年，农业农村部启动农产品仓储保鲜冷链物流设施建设工程，从产地贮藏保鲜设施入手，建立健全农产品仓储保鲜冷链体系，完善县、乡、村各级冷链集散中心基础设施建设，与农产品物流骨干网络连接形成完整体系，构建稳定高效的农产品出村进城平台。

（三）农村电子商务的成效

2022年全国农村网络零售额达2.17万亿元，是2015年的6.2倍。2020年新冠疫情防控期间，“互联网+”在农产品出村进城中的优势得到充分体现，仅上半年农产品网络零售额就达到1 937.7亿元，同比增长39.7%。全国基本形成了覆盖县、乡、村的三级物流配送体系，搭建起“工业品下乡”与“农产品出村进城”双向流通渠道。全国冷链物流行业交易规模由2016年的1 800亿元增至2019年的3 786亿元；全国冷库容量连续5年以10%以上的增速在发展，截至2019年达到7 000万吨。2018年以来，直播带货、短视频营销掀起了农产品电商新的热点，田间地头都变成了直播间，消费场景得到进一步延伸，许多知名农产品“网红”涌现，农产品购买转化率提升明显。与此同时，京东、阿里巴巴、苏宁等互联网公司正在加速将供应链、物流等零售新基建不断向下延伸，通过溯源体系、技术输出、品牌赋能、渠道拓展等措施促进农产品上行。在需求侧，通过不断改善农村的消费环境带动农村消费，促进工业品下行。全国建制村全部实现了直接通邮，乡镇快递网点覆盖率已达98%，解决了农村居民网络购物过程中的物流配送难题。

截至2019年底，全国农村网商数量达到1 384万家，许多传统农业企业、农产品批发市场通过与主流电商平台合作或自建平台的方式进军农产品电商，农业专业合作社、种养大户等新型农业生产经营主体的触网比例也显著提高。4万家农民合作社发展了农村电子商务。截至2021年底，36.3%的市级以上重点农业龙头企业通过电商开展销售，截至2022年底，“832平台”入驻脱贫地区供应商超2万家。

（四）农村电子商务发展前景

国务院印发的《“十四五”推进农业农村现代化规划》明确提出，要加快农村电子商务发展，扩大电子商务进农村覆盖面，加快培育农村电子商务主体，引导电商、物流、商贸、金融、供销、邮政、快递等市场主体到乡村布局。深入推进“互联网+”农产品出村进城工程。优化农村电子商务公共服务中心功能，规范引导网络直播带货发展。实施“数商兴农”，推动农村电商基础设施数字化改造、智能化升级，打造农产品网络品牌。展望“十四五”时期，我国的农村电商将迎来以下发展形势与机遇。

1. 农产品现代流通网络将日益完善

根据国家发展改革委会同有关部门编制的《“十四五”现代流通体系建设规划》（以下简称《规划》）安排，“十四五”期间，国家发展改革委将依托农产品主产地、主销区、集散地，支持全国骨干农产品批发市场建设，重点加快中西部及东北地区农产品主产区市场建设。加快田间地头流通设施建设，推进农产品产地市场、集配中心和低温加工处理中心改造升级，加快农产品运输、仓储设施专业化改造，提高农产品商品化处理能力。支持农产品流通企业配备冷链物流设备装备，建设服务城市消费的“中央厨房”等设施，提高农产品冷链物流能力和标准化水平。加强农产品产销对接，畅通供需渠道，保障农产品市场供应充足、价格平稳。其中，《规划》明确提出了要开展农产品产地市场提升行动。在农产品主产区，结合产业发展，省部共建一批全国性农产品产地市场，推动发展一批区域性农产品产地市场，支持建设一批田头市场，加强流通基础设施建设，补齐农产品出村进城短板。并明确提出了要健全冷链物流设施体系。加强农产品产地预冷、分拣包装、移动冷库等设施建设，补齐生鲜农产品流通“最先一公里”短板，提高商品化处理水平；加强销地高标准冷库和冷链分拨配送设施建设，推动农产品批发市场以及商超等零售网点冷链物流设施改造升级，推广新能源配送冷藏车，提高“最后一公里”冷链物流服务效率。

2. 农村电子商务将进一步发展壮大

“十四五”期间，在农产品现代流通网络日益完善的背景下，我国农村电子商务也将实现进一步发展壮大。商务部明确提出，电子商务要服务乡村振兴，带动下沉市场提质扩容。

（1）要培育农业农村产业新业态。推动电子商务与休闲农业、乡村旅游深度融合，深入发掘农业农村的生态涵养、休闲观光、文化体验、健康养老等多种功能和多重价值，发展乡村共享经济等新业态。提高农产品标准化、多元化、品牌化、可电商化水平，提升农产品附加值。鼓励运用短视频、直播等新载体，宣传推广乡村美好生态，创新发展网络众筹、预售、领养、定制等产销对接新方式。

（2）要推动农村电商与数字乡村衔接。统筹政府与社会资源，积极开展“数商兴农”，加强农村电商新型基础设施建设，发展订单农业，赋能赋智产业升级。支持利用电子商务大数据推动农业供给侧结构性改革，加快物联网、人工智能在农业生产经营管理中的运用，完善农产品安全追溯监管体系，促进数字农业发展。衔接农村普惠金融服务，推动互联网支付、移动支付、供应链金融的普及应用。

（3）培育县域电子商务服务。大力发展县域电商服务业，引导电子商务服务企业建立县域服务机构，辐射带动乡村电子商务产业发展。创新农产品电商销售机制和模式，提高农产品电商销售比例。支持农村居民立足农副产品、手工制品、生态休闲旅游等农村特色产业，开展多种形式的电子商务创业就业，促进特色农产品电子商务发展。推进“互联网＋高效物流”，健全农村寄递物流体系，深入发展县、乡、村三级物流共同配送，打造农村电商快递协同发展示范区。创新物流支持农村特色产业品质化、品牌化发展模式，提升农村产业化水平。

农业农村部也提出，“十四五”将以“互联网＋”农产品出村进城工程为抓手，加快推进信息技术在农业生产经营中的广泛应用，充分发挥网络、数据、技术和知识等要素作用，进一步完善农产品网络销售供应链体系、运营服务体系和支撑保障体系，促进农产品产销顺畅衔接、优质优价。重点做好以下工作。

（1）以特色产业为依托，打造优质特色农产品供应链体系。建立健全县级农产品产业化运营主体，打造优质特色农产品供应链，统筹组织开展生产、加工、仓储、物流、品牌、认证等服务，生产、开发适销对路的优质特色农产品及其加工品。

（2）以益农信息社为基础，建立健全农产品网络销售服务体系。充分利用益农信息社以及农村电商、邮政、供销等村级站点的网点优势，统筹建立县、乡、村三级农产品网络销售服务体系。以低成本、简便易懂的方式，针对性地为农户提供电商培训、加工包装、物流仓储、网店运营、商标注册、营销推广、小额信贷等全流程服务。

（3）以现有工程项目为手段，加强产地基础设施建设。充分利用现有标准化种植基地、规模化养殖场、数字农业农村等项目，推进优质特色农产品规模化、标准化、智能化生产，切实提升优质特色农产品持续供给能力、商品化处理能力。结合农产品仓储保鲜冷链物流设施建设工程，构建全程冷链物流体系，推动整合县域内物流资源，完善县、乡、村三级物流体系。

（4）以农产品出村进城为引领，带动数字农业农村建设和农村创业创新。推进优质特色农业全产业链数字化转型，打通信息流通节点，形成从田间地头到餐桌的信息流通闭环，提高生产智能化、经营网络化、管理数字化水平。围绕乡村振兴和数字乡村发展战略布局，拓展“互联网＋”农产品出村进城工程服务功能，带动发展农村互联网新业态新模式。

（五）家庭农场开展农村电商经营的路径

1. 典型路径

目前来说，典型的家庭农场电商经营方式主要有以下三种类型。

（1）政府搭台帮家庭农场卖农产品。这种类型中，一些地方政府多是主动作为、搭台唱戏，为辖区内的家庭农场集体提供农产品网店销售的服务。

（2）为网店供货卖农产品。这种类型的家庭农场发展到了一定水平，农产品品质靠谱，拥有相当的产品规模和市场渠道基础，也想开拓线上市场渠道。但由于负责人对互联网电商不熟悉或缺乏自营精力、人才储备，所以会选择为一些农产品销售网店供货，依托第三方卖家间接助力农场销售农产品。

（3）家庭农场自己开网店卖农产品。这种类型的家庭农场往往发展到了相当水平，形成了有一定影响力的农产品品牌，想要尝试通过电商平台提升市场渠道层级、提高市场利润空间。这类家庭农场主往往眼界较为开阔，对电商等新生事物有兴趣，愿意尝鲜踏足互联网。

2. 电商经营的困难与改进思路

目前，对于大多数家庭农场而言，“触网”仍然是件难以轻易实现的难题。一是农产品的生鲜特性决定了电商经营问题多。二是家庭农场的人才结构造成了电商经营转型慢。三是家庭农场的规模状态造成了电商经营成本高。因此，无论是政界、学界还是商界，都需更加客观、理性看待家庭农场“触网”，还应更全面认识互联网时代的新形势、新趋势、新态势。

（1）家庭农场必须有选择性地实施电商经营。社会各界应该重点支持那些适宜地区、优势品种和具备条件的家庭农场优先“触网”。家庭农场主应在清晰认识自我的基础上选择性“触网”，暂时没条件的可以委托第三方协助农产品上行，让专业的人干专业的事。

（2）家庭农场需要联合起来开展电商经营。家庭农场之间需要进一步联合，比如合作创办农民合作社或者农产品销售公司等，实现区域内家庭农场之间的农产品资源整合、统一品牌、统一标准和统一营销，用规模效应和专业优势换取农产品上行增值空间。

（3）电商平台应紧密与家庭农场的利益联结。一些电商平台尤其是那些垂直型电商平台，需重新反思依靠低价、补贴获取消费者的竞争模式，转而更加注重和家庭农场等生产商合作，通过与家庭农场等的紧密合作（如签订稳定购销合同、联合投资打造高品质生产基地等），获取优质产区资源，真正用紧密利益联结赢得家庭农场的信任和支持，也用家庭农场生产的优质农产品去赢得消费者的惠顾和黏性，实现多方共赢。

（4）政府应系统支持家庭农场实现电商化。政府部门应站在产业数字化的更高视野支持家庭农场“触网”，不仅是支持家庭农场在淘宝、京东或者抖音等平台开店卖农产品，更应引导家庭农场之间进一步合作与联合，发展农民合作社联合社、股份公司、产业化联合体等，借助组织化的平台实现更系统持续的线上传播和销售。可以支持家庭农场利用好互联网上的品种、价格、政策等信息为生产经营决策提供精确资讯；还可以支持家庭农场探索物联网技术应用，通过推广可追溯条码等提高生产过程的智能化透明化程度，赢得消费者更全面的产品信任。

【本章参考文献】

胡海卿，2016. 激活品牌：我们可以超越褚橙［M］. 北京：机械工业出版社.

农业农村部农村合作经济指导司，农业农村部管理干部学院，2019. 农民专业合作社理事长管理实务（第2版）［M］. 北京：中国农业出版社.

邵科，2018. 农民合作社开展电商经营的路径、难点和前景［J］. 农民科技培训（3）：26-28.

苏勇，史健勇，何智美，2017. 品牌管理［M］. 北京：机械工业出版社.

第 5 章　家庭农场的财务管理

家庭农场是以家庭经营为基本单元，生产经营以家庭为决策主体，农场经营成果主要由家庭分享。作为新型农业经营主体，家庭农场需要制定一系列生产经营管理规范，遵循行业发展规律，明确各阶段、各业务板块的产权关系与责任权属，尤其是财务管理方面。所以，家庭农场需要按照一般财务管理要求来执行，建立家庭农场财务管理制度，确定财务管理人员，做好日常财务管理工作，以实现家庭农场的规范运营与可持续发展。

一、财务管理的概念及目标

（一）家庭农场财务管理概念

家庭农场财务管理指的是组织家庭农场财务活动，处理家庭农场财务关系，为家庭农场的生存和发展提供资金支持的一种综合性的管理活动。具体来说，家庭农场财务活动包括筹资、投资、经营和分配引起的财务活动。家庭农场的财务关系包括家庭农场同其债权人、债务人、投资人、雇工以及家庭农场内部各业务之间的财务关系等。

（二）家庭农场财务管理目标

财务管理的目标服从和服务于家庭农场的总体目标。从不同角度出发，财务管理的目标可分为以下三种。

1. 总产值最大化

总产值最大化，既是家庭农场发展的核心目标，也是财务管理的目标之一。家庭农场财务活动的目标是保证总产值最大化对资金的需要。追求总产值最大化，有时候容易走偏，导致过度追求产值、追求数量，而忽视效益，忽视质量；总产值最大化不是追求短期总产值最大化，而是以可持续发展为前提的产值最大化。以总产值最大化为目标不能成为财务管理的单一目标或唯一目标，该目标需要服从于家庭农场可持续发展的生态目标。

2. 利润最大化

利润代表了家庭农场新创造的财富，利润越多，家庭农场财富增长越快。在市场经济条件下，家庭农场往往把追求利润最大化作为主要目标，也是家庭农场财务管理要实现的目标。以利润最大化为目标，可以直接反映家庭农场所创造的剩余价值。以该目标执行财务管理，可以帮助家庭农场加强经济核算、努力增收节支，以提高家庭农场的经济效益，还能通过财务管理反映家庭农场补充资本、扩大经营规模的能力。但是，过度或单纯追求利润最大化，而忽略了实现利润最大化的成本、时间和风险，以及投入与产出的关系，甚至忽略生态与环境的影响，这样容易导致家庭农场的财务决策带有短期行动的倾向，也容易出现危机或风险。因此，家庭农场财务管理的最优目标更应该是建立在合理的投入产出比、科学的人力物力财力整合，以及绿色可持续发展模式基础之上的利润最大化。

3. 家庭农场价值最大化

家庭农场价值最大化是指通过家庭农场财务上的合理经营，采用最优的财务政策，充分考虑资金的时间价值和风险报酬的关系，在保证家庭农场长期稳定发展的基础上使家庭农场经济总价值达到最大化。与此同时，家庭农场在产业发展、农业生产效率提高、重要农产品供给、农产品质量安全以及农业多功能性实现等方面肩负着使命与责任，所以，家庭农场财务管理还要以社会价值最大化为目标。

二、家庭农场的融资管理

（一）家庭农场融资的必要性

不同于小农户自给式经营，家庭农场具有一定的规模，无论是大面积的农业生产所需要的种子、化肥、农药等农资投入品，还是灌溉、收割、运输、仓储等基础设施建设与农机农具的投入与使用，还是家庭农场的生产经营所需要的雇用临时农业劳动力，这些方面都需要大量资金。农业生产的周期较长且受市场价格规律的制约等客观事实也导致家庭农场资产紧张。因扩大再生产的资金需求、经营不善的周转资金需求、农产品大量投入的资金需求等原因，家庭农场在自有资金无法满足生产经营需要的情况下，就需要融资。解决融资问题，使资金在农场经营活动中获得良好的周转和循环，是目前家庭农场财务管理的首要任务。实践发现，融资难的问题已成为制约家庭农场生产经营发展的瓶颈。

（二）家庭农场融资方式

为解决家庭农场因各种原因产生的资产需求，家庭农场财务管理的一项重要任务就是融资。一般而言，家庭农场融资有三种方式：国家财政资金的投入、金融机构贷款和自筹。

1. 国家财政资金的投入

近年来，各级政策出台了系列扶持家庭农场相关政策。2017 年中央 1 号文件指出，要完善家庭农场认定办法，扶持规模适度的家庭农场。《乡村振兴战略规划（2018—2022 年）》指出，加快建立新型经营主体支持政策体系和信用评价，落实财政、税收、土地、信贷、保险等支持政策，扩大新型经营主体承担涉农项目规模。2020 年中央 1 号文件强调，国家支持家庭农场、农民合作社、产业化龙头企业建设产地分拣包装、冷藏保鲜、仓储运输、初加工等设施。2023 年中央 1 号文件强调，实施农产品加工业提升行动，支持家庭农场、农民合作社等发展农产品产地初加工。家庭农场建设初期，加大政府资金投入，确保财政补贴政策的有效实施能够帮助部分家庭农场解决融资难题。

2. 金融机构贷款

家庭农场在创业初期由于处于投资期而往往很难盈利，周转资金不足是常态。金融机构贷款是一种常用的缓解经济压力的办法。但是，贷款难、贷款贵的问题是家庭农场融资的两大痛点。由于银行等金融机构实施较为严格的贷款抵押担保制度，家庭农场通常缺乏有效的抵押手段。风险管理不足、缺乏有效的抵押资产、期货市场发育不成熟、政府贷款补贴难以获得等因素导致家庭农场的贷款成本居高不下。由于信息不对称，家庭农场普遍面临贷款困境。为缓解融资压力，政府与金融机构也出台了系列金融助农政策，符合条件的家庭农场等新型农业经营主体可按规定享受现行小微企业相关贷款优惠政策。特别是地方提供的针对性强的助农或惠农贷款产品，家庭农场可以积极申请以缓解融资压力。

3. 自筹

从家庭农场的发展实践来看，大部分资金需要家庭农场主自我筹集。多数家庭农场实行了“两费”自理，“两费”指的是生产费用和生活费用。这种自给自足的经营模式是家庭农场融资的主要模式，但资金规模普遍较小，一定程度上限制了家庭农场的发展。农场主的自有资金因大部分用于租用土地，在基础设施投入方面基本上都面临资金短缺的问题。基于此，农场主另一个自筹渠道是向周围的人借用资金。这些资金只能暂时应对初期投资问题，对于真正解决融资问题的作用较小。民间资本参与的自筹形式是一种成本低、速度快的筹资方式，但存在额度小、期限短、不稳定等不足。

三、家庭农场的成本与利润管理

（一）家庭农场成本费用管理

成本是商品价值的组成部分。人们要进行生产经营活动或达到一定的目的，就必须投入一定的人力、物力和财力等资源，这些资源的货币表现称之为成本。成本与费用是两个不同的概念。成本一般指生产经营成本，是按照不同产品或提供劳务而归集的各项费用之和。我国现行财务制度规定，产品成本是指产品制造成本，是生产产品或提供劳务而消耗的直接材料、直接工资、其他直接支出和制造费用的总和。费用常指生产经营费用，是家庭农场在一定时期内为进行生产经营活动而发生的各种消耗的货币表现。

成本与费用都反映了家庭农场生产经营过程的耗费，生产费用的发生过程往往又是产品成本的形成过程。两者的区别在于耗费的衡量角度不同，成本是为了取得某种资源而付出的代价，是按特定对象所归集的费用，是对象化的费用；费用是对某个会计期间家庭农场所拥有或控制的资产耗费，是按会计期间归属，与一定会计期间相联系而与特定对象无关。

1. 成本与费用的构成

（1）产品成本。

①直接材料是指生产产品和提供劳务过程中所消耗的直接用于产品生

产并构成产品实体的原料及主要材料、外购半成品及有助于产品形成的辅助材料等。

②直接工资是指在生产产品和提供劳务过程中，直接参加产品生产的劳动人员的工资、奖金、补贴等。

③其他直接支出包括直接从事产品生产人员的职工福利费等。

④制造费用是指家庭农场为生产产品和提供劳务而发生的各项间接费用，包括生产车间发生的水电费、固定资产折旧、无形资产摊销、管理人员的职工薪酬、低值易耗品摊销、取暖费（降温费）、劳动保护费、季节性和修理期间的停工损失等。

（2）期间费用。期间费用是指家庭农场本期发生的、不能直接或间接归入营业成本，而是直接计入当期损益的各项费用，包括销售费用、管理费用和财务费用等。

①销售费用是指家庭农场在销售过程中所发生的费用。具体包括应由家庭农场负担的运输费、装卸费、包装费、保险费、展览费、销售佣金、委托代销手续费、广告费和销售服务费用，专设销售机构人员工资、福利费、差旅费、办公费、折旧费、修理费、材料消耗、低值易耗品摊销及其他费用。家庭农场内部负责销售管理所发生的经费开支不列入销售费用，而应列入管理费用。

②管理费用是指家庭农场管理和组织生产经营活动所发生的各项费用。管理费用包括：农场经费，即家庭农场管理人员工资、福利费、办公费、折旧费、修理费、物料消耗、低值易耗摊销和其他经费；劳动保险费；家庭农场主或管理人员发生的差旅费、会议费等；咨询费、审计费、诉讼费、税金、土地使用费、技术转让费、无形资产摊销、坏账损失、其他费用等。

③财务费用是指家庭农场为进行资金筹集等财务活动而发生的各项费用。财务费用主要包括利息净支出、汇兑净损失、金融机构手续费和其他因资金而发生的费用。利息净支出包括短期借款利息、长期借款利息、应付票据利息、票据贴现利息、应付债券利息、长期应付融资租赁借款利息、长期应付引进国外设备款利息等。家庭农场银行存款获得的利息收入应冲减上述利息支出。汇兑净损失是指家庭农场在兑换外币时因市场汇价与实际兑换汇率的不同而形成的损失或收益、以脱离因汇率变动期末调整

外币账户余额而形成的损失或收益，当发生收益时应冲减损失。金融机构手续费包括开出汇票的银行手续费等。

2. 家庭农场成本费用管理

加强成本费用管理，降低生产经营耗费，有利于促进家庭农场改善生产经营管理，提高经济效益。这是家庭农场扩大生产经营规模的重要条件。

（1）成本费用管理原则。

①正确区分各种支出的性质，严格遵守成本费用开支规定。

②正确处理生产经营消耗同生产成本的关系，实现高产、优质、低成本的最佳组合。

③正确处理生产消耗同生产技术的关系，把降低成本同开展技术革新结合起来。

（2）家庭农场降低成本费用的途径与措施。

①节约材料消耗，降低直接材料费用。家庭农场的各项生产资料和农机具等按计划管理，按规定操作，防止投入品的无序投放与无序管理。严格遵守生产流程规定，按规定时间、规定数量、各项投入品的搭配比例使用，避免随意、不科学、滥投乱用造成的成本增加，以及对农产品效益造成不良影响。投入品管理人员要做好入库与出库登记，不达标的投入品不得入库，不符合条件的领用严禁放行。

②提高劳动生产率，降低直接人工费用。工资在成本中占有一定比重。工资与劳动定额、工时消耗、工时利用率、工人出勤率与技术熟练程度等因素有关。财务管理就是要减少单位产品中工资或劳务费的比重，提高劳动生产率，这样才能保证工资或劳务费与效益同步增长，以实现大量用工时能雇用到劳动力的目的，缓解农忙时节用工难的问题。

③加强预算控制，降低期间费用。严格控制期间费用开支范围和开支标准，不得虚列期间费用，正确使用期间费用核算方法和结转方法。

④实行全面成本管理，全面降低成本费用支出。成本费用管理是一项系统工程，需要对成本形成的全过程进行管理，从产品的设计投产到产品生产，再到产品销售都要注意降低成本。家庭农场的日常事务，其支出直接或间接地影响成本费用。因此，要加强成本费用理念的学习与执行，提升管理效率。

（二）家庭农场的利润管理

1. 利润的概念

利润是家庭农场劳动者为社会创造的剩余产品价值的表现形式。利润是家庭农场在一定时期内，从生产经营活动中取得的总收益，按权责发生制及收入、费用配比的原则，扣除各项成本费用损失和有关税金后的净额，包括营业利润、投资净收益、补贴收入和营业外收支净额等。利润能表明家庭农场在一定会计期间的最终经营成果。

2. 家庭农场总利润的构成

（1）营业利润。

利润总额＝营业利润＋投资净收益＋补贴收入＋营业外收入－营业外支出

营业利润＝主营业务利润＋其他业务利润－管理费用－营业费用－财务费用

主营业务利润＝主营业务收入－主营业务成本－主营业务税金及附加

其他业务利润＝其他业务收入－其他业务支出

（2）投资净收益。

投资净收益＝投资收益－投资成本－所得税

（3）补贴收入是指家庭农场按规定实际收到退还的增值税，或按耕地面积、种植养殖品类等依据国家规定的补助定额计算并按期给予的定额补贴，以及属于国家财政扶持的领域而给予的其他形式的补贴。

（4）营业外收入主要包括固定资产盘盈、处置固定资产净收益、处置无形资产净收益、罚款净收入等。

（5）营业外支出主要包括处置固定资产净损失、处置无形资产净损失、债务重组损失、固定资产盘亏、非常损失、罚款支出、捐赠支出等。

3. 家庭农场利润的分配

利润分配是将家庭农场实现的净利润按财务管理规定的分配形式和分配顺序，在家庭农场、投资者与债权人之间进行的分配。利润分配的过程与结果，是关系所有者的合法权益能否得到保护，家庭农场能否长期、稳定发展的重要问题。为此，家庭农场必须加强利润分配的管理和核算。

（1）利润分配的原则。

①资本保全原则。资本保全是家庭农场财务管理的基础性原则之一，家庭农场在分配中不能侵蚀资本。利润的分配是对经营中资本增值额的分配，不是对资本金返还。按照这一原则，一般情况下，家庭农场如果存在尚未弥补的亏损，应首先弥补亏损，再进行其他分配。

②充分保护债权人利益原则。为保护债权人的利益，要求家庭农场按照风险承担的顺序及其合同契约的规定必须在利润分配之前偿清所有债权人到期的债务，否则不能进行利润分配。同时，在利润分配之后，家庭农场还应保持一定的偿债能力，以免产生财务危机，危及家庭农场生存。

③利益兼顾原则。利润分配的合理与否是利益机制最终能否持续发挥作用的关键。利润分配涉及投资者、经营者等多方面的利益，家庭农场必须兼顾，并尽可能地保持稳定的利润分配。在家庭农场获得稳定增长的利润后，应增加利润分配的数额或百分比。同时在积累与消费关系的处理上，家庭农场应贯彻积累优先的原则，合理确定提取盈余公积金和分配给投资者利润的比例，使利润分配真正成为促进家庭农场发展的有效手段。

（2）利润分配的程序。根据有关规定，家庭农场当年实现的利润总额应按国家有关税法的规定做相应的调整然后依法缴纳所得税，符合减免条件的家庭农场可以申请减免所得税。缴纳所得税后的净利润按下列顺序进行分配。

①弥补以前年度的亏损。按照规定，家庭农场的年度亏损可以由下一年度的税前利润弥补，下一年度税前利润尚不足弥补的，可以由以后年度的利润继续弥补，但用税前利润弥补以前年度亏损的连续期限不超过5年。5年内弥补不足的，用税后利润弥补。本年净利润加上年初未分配利润为家庭农场可供分配的利润。只有可供分配的利润大于零时，家庭农场才能进行后续分配。

②提取盈余公积金。关于家庭农场是否要提取公积金，以及公积金的提取比例，没有明确规定，可参照农民合作社关于盈余公积金的提取要求，由家庭农场自行决定。盈余公积金可用于弥补亏损、扩大农场生产经营或转增资本。

③向投资者分配利润。家庭农场弥补亏损和提取公积金后所余税后利

润，可以向投资者分配利润。如果投资者与家庭农场主是同一对象，则由家庭农场主所得。

四、家庭农场“随手记”

规范运营管理是家庭农场实现高质量发展的前提，而财务管理规范化又是规范运营的关键。调研表明，当前我国很大比例的家庭农场财务记账存在“家场不分”的情况。由于缺少懂得财务知识的专业人员，很多家庭农场甚至不记账，这虽然减少了农场的用工成本和管理成本，但也导致家庭农场负责人忽视家庭农场生产的成本意识，把家庭农场生产开支与家庭生活开支混为一谈，成了一笔“糊涂账”，不利于家庭农场的长远健康发展。为了提升我国家庭农场财务记账的规范性，农业农村部农村合作经济指导司组织开发了家庭农场“随手记”记账软件，免费提供给广大家庭农场使用，满足家庭农场财务收支、生产销售等基本记账需求。

（一）家庭农场“随手记”的功能

家庭农场“随手记”是一款简单易操作的记账软件，能够实现家庭农场财务记账快速便捷，促进家庭农场生产经营数字化、财务收支规范化、销量库存即时化。家庭农场“随手记”记账软件由基本信息、记一笔、库存记录、债权债务、报表查询、政策宣传、个人中心 7 个功能模块构成，具有信息记录、便捷记账、报表查询、政策宣传四方面功能。

1. 信息记录

记录和修改家庭农场基础信息，包括家庭农场名称、农场主姓名、经营类型、行业分类、经营面积、所在地区、成立时间、示范等级等。软件基本信息记录多为菜单式选项，在相应信息中预设若干一级分类和二级分类，家庭农场主自行选择确认，轻松记录信息。

2. 便捷记账

支持一键记账，记录家庭农场收入、支出、库存和债权债务，规范财务收支。软件在醒目位置设置“记一笔”一键记账入口，关联收入、支出、库存和债权债务 4 个分类入口，点击相应分类快速记账。其中，收入预设销售收入、服务收入、财政补助、租赁收入、保险赔付、捐赠收入和其他收入；支出预设购买农资、固定资产、支付工资、购买保险、支付利息、支付租金和其他支出；库存预设农资、农产品、机械设备和其他类；债权债务预设债权和债务。家庭农场记账时，选择预设分类后会对应弹出相应记账要素，跟随引导逐步填写，便可完成记账。同时，软件支持实时拍照上传、债权债务到期提醒等特色功能。

3. 报表查询

软件自动生成收入、支出、经营利润、总利润、流水账、固定资产、库存、债权债务等报表，支持实时更新查询和下载打印。在主页面设置收入和支出报表的速查入口，便于家庭农场主随时掌握经营动态。

4. 政策宣传

软件在主页面设置宣传栏，宣传解读家庭农场相关政策法规，实现政策直达家庭农场主。

（二）家庭农场“随手记”的特点及优势

家庭农场“随手记”软件在全国广泛应用，具有简单快捷、方便实用、自动生成信息等主要特点。

1. 记账功能简单快捷

系统支持手机端和PC端应用，操作便捷，只需录入收支信息即可完成记账。

2. 库存管理方便实用

系统实现了便捷的库存管理功能，方便用户随时记录农资、农产品和农业机械等的出入库情况。

3. 债权债务到期提醒

系统实现债权债务信息登记，并可根据每笔债权债务到期时间进行自动提醒。

4. 财务报表清晰明了

系统自动生成的各类报表清晰明了，记录经营情况一目了然。

家庭农场“随手记”的推广应用，有助于快速提升家庭农场记账的数字化，促进家庭农场规范发展。农场主即使财务专业知识不足，也可快速上手。这既降低了家庭农场使用财务记账软件的资金压力，也降低了使用难度，有助于快速提升家庭农场记账的数字化。

应用家庭农场“随手记”软件后，可实现家庭农场财务规范化管理，农场主可更加清晰地掌握家庭农场的收支、盈亏、库存和债权债务情况，根据真实的财务数据及时调整经营策略，促进家庭农场更好更快发展。

（三）家庭农场“随手记”使用方法

家庭农场“随手记”记账软件目前仅支持安卓（Android）系统移动端，家庭农场主使用手机等移动设备扫描二维码（图 5-1）下载安装，如遇使用问题可通过“个人中心”内“联系我们”进行咨询解决。

图 5-1　家庭农场“随手记”二维码（安卓版）

1. 移动端安装使用指南

（1）下载安装。通过微信或 QQ 扫描二维码下载安装，扫描后根据页面引导在浏览器打开，点击“Android 下载”。目前仅支持安卓系统手机。

（2）注册。首次使用需注册账户，打开软件后，点击登录页面下方的“注册”按钮，进入注册页面填写注册信息后，勾选家庭农场“随手记”用户服务协议，点击“确认”按钮提交，自动进入基本信息填报页面。填好基本信息后，再次点击“确认”按钮完成注册。

（3）登录及找回密码。在登录页面输入已注册的账号和密码，即可登录软件。点击“记住密码”按钮可以保存账号和密码，软件默认记住密码。注意，密码须由大小写字母、数字和特殊符号共同组成，最少 8 位。找回密码时，在登录页面点击“忘记密码”，通过手机获取验证码验证找回。

（4）快速记账。

方式一：软件主界面汇总显示总利润、经营利润、基本信息、报表查询、收入明细、支出明细、库存记录、债权债务等功能的快速入口，点击进入后便可进行相应操作。

方式二：通过“记一笔”按钮，进入对应分类完成快速记账。

新增收入：“收入”初始设置了销售收入、服务收入、财政补贴、租赁收入、保险赔付、捐赠收入、其他收入 7 个一级分类，在页面选择一级分类，根据提示录入指标，录入完成后点击下方的“保存”即可完成。

新增支出：“支出”初始设置了购买农资、固定资产、支付工资、购买保险、支付利息、支付租金、其他支出 7 个一级分类，在页面选择一级分类，根据提示录入指标，录入完成后点击下方的“保存”即可完成。

新增库存：“库存”初始设置了农资、农产品、机械设备、其他类 4 个一级分类，在页面选择库存一级分类，根据提示录入指标，录入完成后点击下方的“保存”即可完成。

新增债权债务：在页面选择债权或者债务，根据提示录入指标，录入完成后点击下方的“保存”即可完成。

（5）查询报表。点击“报表查询”按钮，快速查询家庭农场记账所产生的收入、支出、经营利润、总利润、流水账、固定资产、库存、债权债务情况。软件支持按时间范围、类型、搜索关键词等方式进行查询，支持修改、删除已记录信息和下载打印报表。

（6）在收支中增加或删除一、二级分类。

①增加分类。点击“记一笔”后选择“收入”或“支出”，点击页面上方“新增分类”，输入分类名称及图标后，完成一、二级分类的添加。

②在已有一级分类中添加二级分类。选择指定一级分类，在指标内点击“分类”选择“新增分类”，输入二级分类名称及图标后完成。

③删除分类。点击“记一笔”后选择“收入”或“支出”，在指标内点击“分类”，选择“删除分类”，在分类列表内选择分类进行删除。软件原有分类无法删除。

（7）修改或删除已有记录。

①修改收入和支出。可以通过报表查询中的收入、支出列表进行修改，也可以通过新增正确记录、删除错误记录的方式来实现。

②修改或删除库存。点击报表查询内的“库存”，在统计图表下方点击需要修改或删除的库存名称，根据提示修改或删除。

③修改或删除债权债务。点击报表查询内的“债权债务”，在统计图表下方点击需要修改或删除的债权债务人名称，根据提示修改或删除

即可。

（8）摊销、修改和报废固定资产。

①摊销固定资产。点击“记一笔”后选择“支出”，在页面选择“固定资产”录入指标，选择“是否完工”，选择“是”后，填写“摊销年限”（成本摊销有两种计入方式，一种是填写“0”，则表示成本全额计入当月支出，另一种是填写计划摊销的年限），录入完成后点击“保存”。

②新增或修改固定资产记录。固定资产有两种修改方式，一种是在“记一笔”中的支出列表中选择待修改数据，进入“支出详情”页直接修改；另一种是点击“报表查询”进入支出列表，选择待修改数据进行修改。

③报废固定资产。在首页内点击“报表查询”，选择“固定资产”，点击需要报废的固定资产，进入详情页下方点击“报废”。

（9）修改基本信息和更换手机号。点击“基本信息”，可对基本信息进行查看和修改。在“手机号”一栏点击“修改”，输入新手机号及短信验证码完成更换手机号。

（10）软件升级。当版本需要更新时，打开软件会自动弹出提示窗口，点击“立即升级”后完成版本自动更新。如点击“暂不升级”则会导致软件无法正常使用。

（11）下载打印。在报表查询中点击“下载打印”，会弹出下载链接，点击“复制”按钮复制到粘贴板。在浏览器地址栏粘贴链接，完成在线下载，下载后的信息可直接打印。

2. 电脑（PC）端使用指南

家庭农场“随手记”在电脑（PC）端的使用方法与移动端相同。农业农村部门管理员使用管理账号登录电脑（PC）端后，可以查询辖区内家庭农场“随手记”记账软件注册使用情况和家庭农场分类汇总情况。

（1）查询软件使用和开展记账情况。点击“记账查询”后，在记账进度查询、记账进度汇总等分类中，选择目标分类进行查询。

（2）查询家庭农场分类信息。点击“数据统计”后，在基本信息统计、地区注册农场汇总等分类中，选择目标分类进行查询。

（3）切换账号。点击家庭农场“随手记”标志，进行切换账号或退出登录。

（4）注意事项。家庭农场“随手记”记账软件免费提供给家庭农场使用，是农业农村部为广大家庭农场办实事的一项重要内容，是促进家庭农场规范运营的有效工作抓手。各级农业农村部门要高度重视，通过组织动员部署、纳入培训课程、进村入场宣讲等多种方式，加大对家庭农场“随手记”记账软件的宣传推广力度，扩大政策知晓率，引导家庭农场自愿安装使用。

各级农业农村部门要规范使用管理员账号，指定专人负责，严守信息安全，保护家庭农场权益，杜绝信息泄露风险。加强指导服务，及时收集反馈家庭农场在使用家庭农场“随手记”记账软件过程中提出的意见建议，促进软件不断升级完善。

【本章参考文献】

农业农村部农村合作经济指导司，2022. 关于推广使用家庭农场“随手记”记账软件的通知［EB/OL］. http：//www.hzjjs.moa.gov.cn/gzdt/202206/t20220601_6401245.htm.

彭静，2020. 家庭农场经营与管理［M］. 中国农业大学出版社，8：123－130.

第 6 章　家庭农场的人才培养

家庭农场作为新型农业经营主体，是现代农业经营体系建设的重要组成部分。加强家庭农场专业技术与管理人才队伍建设，培养专业的农业经营管理人才，对于提高农业综合效益、促进农业经营主体现代化和农业高质量发展具有重要的现实意义。

一、家庭农场经营管理对人才的要求

随着农业转型升级的进程推进，更需要一些符合现代农业发展要求的农业经营管理人才。对家庭农场主在内的经营主体带头人的能力要求更是远多于和高于传统农户，他们既要会管理家庭农场，还要懂得相关的农业专业技术，表现出领域多、要求高、综合性强的特征。

（一）会管理家庭农场

在农业经营管理工作中，管理人才最基本的任务和要求便是能够实现对农业生产经营的管理。为此，农业管理人才需要具备完善的管理知识，能够对农业的发展有系统性和宏观上的把控，以便更好地促进相关工作的开展，这样的管理知识主要包括了对农场员工和农场运营两个方面的管理知识。

首先，在员工的管理方面，管理者需要在前期充分了解每一位员工的工作状况、工作履历和工作经验，能够对员工的整体状况有大概的判断；在开展管理工作时，需要确保制定的各项管理规定能够符合员工的利益和农场的未来发展需求。管理者也要用自身的带头示范作用影响农场运营团队整体的发展。

其次，在农业运营过程中，管理者需要基于农业的未来发展目标、农场的基本情况做出清晰、明确的规划，并且要确保发展目标的合理性。同时，还要协调好对内和对外的合作关系，定时和当地的村委会、镇政府、农户、相关的企业等加强交流与沟通，使得管理的农场具备和其他的管理部门资源置换的资本。另外，还要加强农产品的品牌建设，树立较高的品牌效应，拓宽农产品销路；重视市场开发，积极应对市场变化，主动探索符合家庭农场发展的模式。

管理人员的个人能力直接与家庭农场的发展挂钩，因此管理人员的专业性、市场敏锐性、管理能力等十分重要。

（二）懂得相关的农业专业技术

在进行现代化农业生产过程中，为了有效地提升产品的产量，会借助到大量的生产设备、种植技术以及管理技术。尤其在国家鼓励农村大力发展种养结合、农产品加工业、农村旅游等一二三产业融合发展的背景下，延长农场产业链，进行产供销、贸工农一体化经营等，无疑是家庭农场发展的最好方向，而发展农产品深加工、精加工业则需要大量精通农产品深、精加工技术的人才提供技术指导。因此，为实施专业化生产，农场管理人才需要掌握的技术技能水平更高、更精细，要懂得农作物栽培技术、农产品深加工技术、物联网操作技术，熟练地操作各种机械设备，并对家庭经营的作业提供指导，才能更好地提升家庭农场运转效率。

总之，家庭农场经营管理人才不但需要懂市场、善经营、会管理，还要具备较高的专业生产能力，是现代农业产业大军中的全能选手，只有这样才能带领家庭农场达到“规模适度、生产集约、管理先进、效益明显”的目标，保证整个农场正常运行。

二、家庭农场经营管理人才的现状

（一）管理人员数量不足，平均年龄较高

目前，我国家庭农场的主要问题是管理人才短缺。随着城市化进程的不断加快，农民开始有更多的就业选择，很多农民抓住机会走出农村，尤其是年轻劳动力，多选择到城市中谋求发展，由此造成了农村范围内的务农群体多以中老年人为主。据农业农村部政策与改革司委托中国社会科学院农村发展研究所2014—2018年对31个省份开展的全国家庭农场监测研究数据显示，中国家庭农场主平均年龄为47岁，且逐年变老，但老龄化

速度慢于岁月增加速度（呈现相对“年轻化”趋势），粮食类农场的农场主比经济作物种植类和畜牧养殖类农场的农场主年老 1 岁左右。在学历教育水平方面，全国 50%～60%的农场主为初中及以下，至少 1/3 为高中（中专或职高），10%左右为大专及以上（含本科和研究生），整体表现为平均年龄较高、文化程度较低。

（二）返乡创业大军为农场主生力军

就我国目前家庭农场发展而言，在外工作或创业一段时间、积累够创业成本的返乡创业人员，是家庭农场主的主要力量来源。这些创业人员运用自身创业得出的经验，积极利用国家相关政策，增加对农场生产要素的技术与资本投入。其中不乏与村“两委”进行协作或利用自身影响力竞选进入村“两委”班子的。通过合理整合农村的土地，拓宽耕地面积，促使土地以连片化形式进行生产，确保能够满足机械化生产的条件，降低生产要素投入，实现村农场和协同发展。

（三）部分农场招收本科学历以上学生参与管理

目前，还有部分农场招收本科学历以上学生参与管理工作，包括农场运营管理、财务管理、营销管理等方面的工作。一方面，这些大学生一定程度上弥补了家庭农场主的学历短板，但是由于生活环境、工资待遇等因素影响，愿意留在农村工作的学生并不是很多；另一方面，部分农场也会与高校和科研院所合作，通过为研究和调查提供数据和场地，获得新型的机器设备与针对性的规划设计方案。如湖北省家庭农场主重视现代农业新技术、新品种的应用，有的常年聘请专家作技术指导，有的亲自参加专业技术培训，家庭农场逐步成为湖北省全省农业新技术、新品种推广应用的前沿阵地。

（四）专业技术与管理人才仍旧短缺

家庭农场对管理人才在科学技术和先进管理方式方面的应用要求较高，且随着大部分家庭农场规模日益壮大，其开始涉及更多的财务管理、运营管理和市场开发等工作，需要有专业人员对农场进行管理，这样才能确保农场各项经营工作正常运转。目前来看，我国家庭农场经营管理人才主要以农业致富带头人为主，这类管理人才实践经验丰富，但自身管理模式不够系统化，对于突发状况的预见力也较弱；由于大多数农场管理者都是农民，受教育程度不高，缺乏专业资格证书，导致与外界进行合作时存在知识欠缺的现象；专业技术水平有限，尤其是对新技术的掌握有限，对互联网、电商等新兴知识了解不够，无法充分运用网络信息技术平台管理农场，由此造成农场管理工作的形式化、表面化，一定程度限制了农场发展。因此，农场急需既掌握专业技术知识又擅长管理的人才。

三、家庭农场经营管理人才培养的举措

2013年，中央1号文件（即《中共中央国务院关于加快发展现代农业进一步增强农村发展活力的若干意见》）进一步把家庭农场明确为新型农业经营主体的重要形式，并要求通过新增农业补贴倾斜、鼓励和支持土地流转、加大奖励补助和经营者培训力度等措施，扶持和培育家庭农场发展。此后，历年中央1号文件都对扶持家庭农场发展做出了要求。其中就包含对家庭农场人才培养的支持政策，具体可归纳为以下几方面。

（一）开展技能培训

鼓励地方落实农村实用人才培养计划，加强培训基地建设，培养造就一批能够引领一方、带动一片的农村实用人才带头人。结合家庭农场的发展需要，对现有农场人才队伍进行有效的技能培训，开展全产业链培训，加强培训后技术指导和跟踪服务。同时充分利用现有网络教育资源，加强在线教育培训。鼓励涉农院校、科研院所和农业产业化龙头企业等，采取田间教学等形式为家庭农场提供系统的专业化培训，从而为家庭农场的发展提供科学技术支撑及更多的技术服务，不断丰富农场人才现代农业知识和技能，提高其驾驭市场的能力，以适应农场发展需要。

（二）鼓励参加职称评审和等级认定

不断完善农业职业教育制度，落实高素质农民学历提升行动计划，鼓励家庭农场经营者通过多种形式参加职业培训，取得专业技术职称、职业资格证书、职业技能等级证书或专项职业能力证书，提高学历层次，从而

最大限度避免家庭农场人才在与外界进行合作时因知识欠缺、缺乏有效凭证等导致竞争力不足继而限制家庭农场发展的问题。

（三）加大对大学生等返乡创业人员支持

面对当下家庭农场经营管理人才不足的现状，要进一步完善人才引进机制，优化工作环境，吸纳更多人员能从事农业经济管理工作。如制定自由合同制度，以吸引更多的优秀毕业生及高技能人才到基层农业部门任职或者兼职，也可以通过技术入股或者合作研究等方式吸引更多的人才。通过采取双向绩效考核评价制度，完善相关的福利待遇，使得家庭农场的经营管理人才队伍不断壮大、素质不断提升，以满足家庭农场的发展需要。把家庭农场作为大中专毕业生、退役军人、外出务工青年农民、农村经纪人等创业创新的重要基地，鼓励引导返乡人员创办领办。鼓励地方对创办家庭农场的大学生、农民工，在项目、贷款、税收等方面给予适当倾斜，对农业高等院校毕业生回乡创办家庭农场的，纳入“高校毕业生创业引领计划”给予扶持。同时鼓励地方和家庭农场合力探索组建农业劳务中介服务组织，努力满足家庭农场临时性用工需求。

（四）提供技术帮扶服务

鼓励各地通过政府购买服务方式，委托专业机构或专业人才为家庭农场提供政策咨询、生产控制、财务管理、技术指导、信息统计等服务。如上海市为促进全市家庭农场发展，出台《上海市促进家庭农场发展条例》，其中规定，市、区科技、农业农村部门指导和支持家庭农场应用新品种、新技术、新农艺，支持有条件的家庭农场建设科技试验示范基地，参与实施农业技术研究和推广活动。通过技术培训、定向帮扶等方式，为家庭农场提供先进适用技术。

（五）发挥“农二代”对农场发展的作用

火车跑得快，全靠车头带。人才是家庭农场发展的核心竞争力，尤其是家庭农场主本人的素质能力更是直接决定了家庭农场的发展命运。随着国家越来越多惠农政策的颁布，越来越多“农二代”涌现，成为家庭农场的接班人。他们学习能力强、对新鲜事物接受程度高，对于优化农业从业者知识、年龄、专业技术结构意义重大。一方面“农二代”积极投身农业事业，发挥特长；另一方面国家也越来越重视这类群体的选、育、管、励机制，不断推出扶持政策，如组织评优表彰，树立家庭农场“农二代”发展典型，力争培养出更多年轻的农场接班人、农场发展后备军。

【本章参考文献】

安勇，2018. 浅析我国农村人才缺失的原因和对策［J］. 经济研究导刊（33）：16－18.

丁忠民，雷俐，刘洋，2016. 发达国家家庭农场发展模式比较与借鉴［J］. 西部论坛（2）：61－69.

杜婷婷，2015. 家庭农场想要做大做强关键靠人才［J］. 农业机械（17）：63.

林莉丽，钟晓辉，2017. 浅谈农业经营管理人才与家庭农场发展［J］. 现代经济信息（12）：330－331.

任重，薛兴利，2016. 家庭农场发展问题研究综述［J］. 理论月刊（4）：188－122.

王平，2019. 农业经营管理人才与家庭农场发展研究［J］. 农民致富之友（14）：236.

王汉利，2019. 农业经营管理人才与家庭农场发展分析［J］. 农家参谋（23）：14.

谢小红，2019. 加强农业经营管理人才培养促进家庭农场发展的对策［J］. 乡村科技（35）：14－15.

郑伟，2018. 精准培育为现代农业发展提供人才保障［J］. 江苏农村经济（1）：56－57.

朱丽华，2021. 农业经营管理人才培养与家庭农场发展的关系探究［J］. 南方农业，15（11）：165－166.

第 7 章　家庭农场的国际经验

家庭农场是全球最为主要的农业经营方式之一，是推动农业实现规模化、专业化经营的重要路径。家庭农场在世界农业中的地位至关重要，尤其是在全球食物生产中扮演了关键角色。联合国粮农组织发表的《粮农状况》中的农业普查数据显示，全球 5.7 亿个农场中有 5 亿个是家庭农场，拥有 75%的农地。因此，世界各国对家庭农场的发展普遍都很重视。

一、美国农场发展：经营规模以大中型为主

美国是全球最大的农产品出口国，各国粮食进口总量的一半几乎都来自美国，而美国的农民数量仅占美国人口总数的 1.8%，家庭农场在其中功不可没。

美国农业部的经济研究局（ERS）对家庭农场的定义侧重于经营农场的家庭对农场业务的所有权和控制权，认为家庭农场是“主要经营者和与该主要经营者有血缘关系或婚姻关系的人拥有大部分农场业务”的农场。20 世纪 70 年代初，美国提出家庭农场的三条标准：一是由家庭成员经营管理，二是家庭承担风险，三是家庭必须提供本农场一半以上的劳动力。根据标准被认定的家庭农场才能享受政府优惠政策。目前，美国绝大多数家庭农场是由一个个人或家庭独资经营的，也就是说美国的家庭农场拥有农场生产资料的私有权和农场的经营权，因此，美国家庭农场仍然是小生产农业，其基础仍然是劳动者对他的生产资料的私有权。

经过 200 多年的农地制度变迁[①]，家庭农场在美国也已有 100 多年的

① 独立战争后，美国政府通过国家的力量取得了全国绝大多数农业土地的所有权，随后通过无偿分配、低价转让、向军人赠送、向国民授地等方式将农业土地分配给广大移民，并通过一系列的法律法规逐渐确立了农业土地的私有产权。例如，1820 年，美国政府制定了关于家庭农场迅速发展的一系列农业经济发展制度；1862 年，美国政府又颁布通过了《宅地法》，确保了土地私有权可以有偿依法交易，为美国家庭农场的发展奠定了制度基础。

历史，成为美国农业生产经营中最基本和最重要的单位，也是美国农业经营体系的核心载体，美国逐渐形成了以家庭农场为主体的农业生产经营格局。围绕家庭农场，各类农民专业合作社、涉农企业、社会化服务、协会组织在美国相继诞生，对农业的支持保护政策也随着家庭农场的发展不断演进调整。在此基础上，进一步形成了以家庭农场为主体、相关服务组织为支撑、政策支持为保障的现代农业经营体系，支撑着美国农业在全球竞争中保持着明显的比较优势。在美国农业多元经营主体中，采用家庭经营方式的农场占绝大部分，比重高达 98.7%。调查报告显示，美国仅北卡罗来纳州就有 5 万个农场，平均规模为 170 英亩①，95%～98%为家庭农场。

（一）美国农场发展特点

美国农场的特点主要是规模化程度高、机械化水平高、农业科技水平高，尤其以农业生产的高效和现代化著称。

1. 数量降低，面积减小，农场规模化程度不断提升

从 20 世纪 50 年代到 90 年代，美国农场数量虽持续减少但速度逐步放缓，进入 90 年代以来，美国农场总数已逐渐趋于稳定。1950 年，美国农场总量为 565 万个；1997 年，美国农场总量下降为 221.6 万个，2012 年下降至 210.9 万个；2016 年，美国农场总量降为 206 万个。据美国农业部公布数据显示，美国农场中近 99%是家庭农场，占农场总生产量的 89%。

同时，从 90 年代后期开始，美国农场的总用地面积也呈持续下降趋势。1997 年，美国农场的用地面积为 9.5 亿英亩，2002 年，美国农场的用地面积降为 9.4 亿英亩，2007 年进一步下降至 9.2 亿英亩，2012 年则仅有 9.1 亿英亩，其中，45.4%是永久牧场，42.6%是从事谷物生产农场（谷物农场），8.4%是林地，剩余的 3.6%是各类农场建筑物、牲畜设施等用地，并逐渐趋于稳定。

随着农场数量减少，总用地面积下降，美国农场的平均经营规模在波动中逐渐扩大。1997 年美国农场的平均规模为 430.9 英亩，到 2002 年扩大至 440.7 英亩，2007 年降至 418.2 英亩，而 2012 年又上升至 433.6 英亩。

① 英亩为非法定计量单位，1 英亩≈0.404 7 公顷。——编者注

虽然数量降幅达 63.54%，但美国农场总经营土地面积达 9.11 亿英亩，截至 2016 年底，单个农场的平均规模比 1950 年扩大了 1 倍多。

同时，美国农业劳动力价格的增长速度明显高于土地、农业机械等其他要素价格的增长，因此，美国农业发展过程中一直倾向于节约使用劳动力、降低劳动力对农业生产贡献率。因此，家庭农场被迫不断加大科技与机械投入，以对冲劳动力价格的增长和农业人口的减少，反而促使美国单位农场规模化经营程度不断提升。

2. 大型农场效率不断提高，竞争优势明显

如图 1 所示，2020 年，美国家庭农场占农场总数的 98%，其中约有 89%是小型家庭农场。与 2011 年（使用当前农场类型的最早年份）相比，小型家庭农场经营的土地份额从 52.1%降至 48.3%，小型家庭农场的产值份额从 25.5%降至 20.4%。大型家庭农场数量只占 2.9%但总产值却占 46%，高于 2011 年的 35%。这些大型农场在经营的土地总量中所占份额也有所增加，从 2011 年的 16.2%上升到 2020 年的 23.6%。

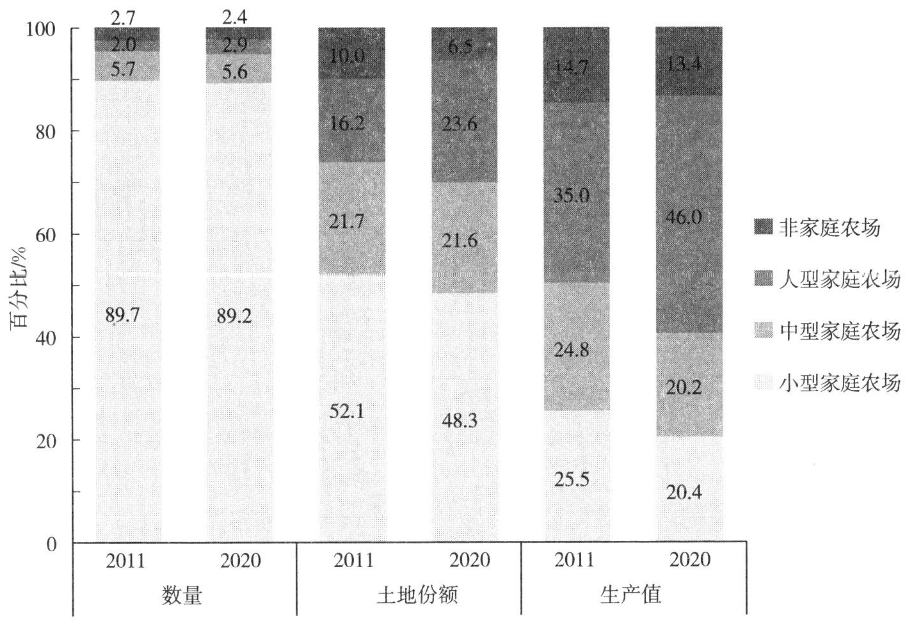

图 1　2011 年和 2020 年美国不同规模、不同类型农场在数量、土地占有率和生产值上的差异

资料来源：《美国多样化家庭农场：2021 版》，美国农业部经济研究中心

大小农场之间的效率差异主要源于成本差异，相较于小土地规模农场，较大土地规模农场可以将等量的劳动和资本应用到更大的土地面积上，因此成本更低，净资产回报率却更高。同等规模农场之间，蔬果等资本密集型经营活动比大田谷物农场的净资产回报率更高。同时，农场土地规模越大，使用租赁资本设备、合同雇工服务、合约定制服务等社会化服务的农场占比越高；并且资本密集型的蔬果生产农场的使用占比明显高于谷物类生产农场。

近年来，大型农场的竞争优势日益明显。首先，从财务情况来看，农场大规模化生产有利于农业收益的提升，通常表现为农场规模越大，农场的财务绩效越佳。其次，从农场经营风险比较来看，大型农场相对于小规模农场而言，经营风险相对较小。美国大型农场通过不断地整合、兼并小型农场，逐步凸显与其他分散经营的小规模主体的比较优势，劳动力和资本更加集中，能够将组织、谈判、契约成本降到最低，极大提高了运营效率、降低了市场营销风险。2011—2020 年，越来越多的小型家庭农场的营业利润率低于 10%，表明越来越多的小型家庭农场陷入高财务风险，而大多数中型、大型家庭农场的营业利润率一直较高。

3. 农场地域性专业化程度高，产业集聚效应显著

美国政府基于区域资源禀赋差异和农作物生长特性，将全美划分为 10 个农业产业带，每个产业带专业化种植 1～2 种农产品，以便充分利用该区域自然条件、大规模应用农业机械设备，促成美国农业生产的高度区域化和产品专业化。因此，不同产业带内的家庭农场也只生产相应的 1～2 种农产品，借助完善的社会化服务体系，实现了生产经营的专业化和商品化，产业集聚效应显著。同时，以家庭农场为单位的主体联盟越来越积极与各类农业服务组织通过签订合约形式合作，家庭农场主只承担部分环节的生产活动，其他环节都移交给专门的农业服务机构，从而形成了风险共担、利益共享的产业联合体，有效推高了农业产值水平。

4. 农场收入水平较高，收入渠道多元化

一方面，美国家庭农场的收入水平普遍较高，2000 年以来的美国家庭农场收入已明显超过城乡居民家庭的年均收入水平，且二者收入差距处于持续扩大态势。据美国农业部统计资料显示，农场家庭年总收入因农场类型而异，大型家庭农场的最大中位数收入超过 100 万美元，而低销售额家庭农场的中位数收入为 55 455 美元。另一方面，美国家庭农场收入渠道多元化，分为农事收入与非农收入。通常情况下，家庭农场规模越大，其农事收入比重越高。而农场主的非农收入又包括了来自非农自主创业或者工资之类的收入，或者利息、股息、社会保障、政府项目、赡养费、养老金、不动产或信托纯收入以及个人退休金等。多元化收入渠道有效保障了美国家庭农场主较高的收入水平。

（二）美国农场发展经验

在我国农业现代化的进程中，适度扩大土地经营规模和培育新型农业经营主体是发展现代农业的前提和基础。因此，以下美国农场发展的经验做法值得借鉴。

1. 提高社会化服务水平

美国家庭农场的经营经验表明，社会化服务是农村土地集聚、规模化经营和专业化生产的需要，经营者采纳农业社会化服务有利于降低经营成本、规避财务风险、提高生产效率。

2. 因地制宜，提高区域性专业化

美国经验表明，充分利用该区域自然条件、大规模应用农业机械设备，形成农业生产的高度区域化和产品专业化，可以有效提升农业产值水平。

3. 提高风险防范能力

从美国农场发展特征来看，农场规模越大，经营风险反而相对越小，其财务绩效表现得越好。而在我国，家庭农场生产经营过程中面临着过度规模化、生产成本高、市场价格波动大、资金链易断、自然灾害等诸多风险，因此，政府有必要多重举措提高家庭农场生产效率和抗风险能力。

二、法国农场发展：经营规模以中型为主

法国地处欧洲大陆西部，幅员辽阔，自然条件优越，虽然国土面积仅有约 55 万平方公里，但其中农业用地占 61%，耕地占 32.6%，大面积的绿化和三面环海的地理构造为法国农业的发展提供了良好的环境和气候支持，法国的农业发展也一直在世界上处于领先地位。

依靠高度发达的农业现代化技术和日臻成熟的农业生产模式，法国成

为欧盟最大的农业生产国，并一度成为仅次于美国的世界第二大农产品出口国，其农业产值占欧盟农业总产值的22%，农产品出口长期位居欧洲首位。这都与其大力发展家庭农场密切相关。探究法国家庭农场发展路径，对于了解欧洲农业生产发展轨迹，为我国提高值得借鉴的经验做法意义重大。

（一）法国家庭农场发展特点

1. 逐步形成以中型农场为主的发展格局

法国的家庭农场从19世纪初法国大革命结束时开始形成。当时，法国经历了土地私有化向集中化的转变。法国国会通过立法，将封建阶级的土地出售给农民，农民生产积极性提高，小农经济开始发展。然而这时的土地分散化经营管理并不能完全契合资本主义，土地过于散碎，以小型家庭农场经营为主，难以发挥规模优势。

19世纪末，法国资本进一步发展，土地开始集中化经营。法国政府颁布了一系列措施，如土地规模化扶持政策、农业发展结构调整政策，以小农经济为特征的法国农业发展格局逐渐瓦解。这一时期，法国家庭农场的一个典型特征在于家庭农场的数量有所下降，但农场土地平均面积逐渐增加。小型家庭农场的合并集中，以中型家庭农场为主的农业发展格局逐渐形成。

2. 政策法规驱动农场主控制经营规模

20世纪50年代以后，法国政府以人多地少的现实情况为出发点，充分利用欧共体的农业结构调整政策，鼓励和发展各种农业协作组织，通过调整农业结构、立法等方式来促进家庭农场的发展，其中作用最为明显的就是法律法规的设立。1960年颁布的《农业指导法》是法国农业发展的标志性、纲领性文件之一。为保证土地流转和劳动力流转的有效性，法国政府制定了一系列法律法规以规范农业发展过程中的流转问题。

这一时期的法国政府以强大的财政为支撑，制定了一系列的土地政策、信贷政策、价格政策、税收政策等，形成一整套高效完整的政策体系。在这一阶段，农业投资信贷逐渐成为国家财政投资的重点，对农业相关的信贷实行优惠政策，特别是对规模化经营的农场实行政策倾斜，也极大地刺激了农户扩大经营的愿望。

在这样的政策法规干预下，法国农业土地集中化经营快速发展，家庭农场普及程度显著提升。20 世纪 70 年代中期，法国家庭农场的平均规模已扩大到 21.3 公顷，中型农场的规模和数量得到飞速发展和增长。

土地在集中经营的过程中可能会产生矫枉过正的情况，法国政府为避免这种情况发生，积极利用税收政策来抑制土地的过分集中，将中型农场的利益最大化作为首要考量的因素。1992 年法国实行了一项农业改革：当农产品低于欧盟共同价格标准时，法国政府即对农产品实行价格补贴，以保护农户的利益，同时采取了一系列经济政策来鼓励和支持家庭农场的发展。这次改革之后，法国政府又在降低农业价格保护标准的情况下，对农户进行直接补贴。当时，法国家庭农场的收入来源中近 1/2 来自政府补贴。

3. 形成机械化、信息化和专业化的现代农业体系

法国政府持续在资金投入、科技投入和人才投入三方面帮助家庭农场实现农业现代化转型。资金投入表现为对农产品价格的补贴，促使农民提高生产积极性，从而提高农场主的经营收益。科技投入表现为农业机械的普及化和生产资料的优质化。规模化的经营需要农业机械设备的支持，以帮助解放劳动力，提高劳动生产率；对于种子、农药的研发，有利于提高生产质量，同时可抵抗自然风险，促进生态农业和可持续农业的发展。人才投入包括对从业人员的职业化和专业化进行技能培训，以提高其经营管理能力、农机操作能力、市场把控能力、农业信息处理能力等相关素质和技能。

在这三方面持续投入的基础上，伴随着家庭农场逐渐规模化生产经营，法国农业发展不断优化，农业服务体系日益完善，家庭农场的专业化程度进一步加深，主要包括谷物农场、水果农场、蔬菜农场、畜牧农场等。目前，60%的法国家庭农场从事谷物经营，11%的家庭农场从事花卉经营，8%的家庭农场从事蔬菜经营，5%的家庭农场从事养殖经营，5%的家庭农场从事水果经营，其他农场则采取多元化经营策略。在此基础上，法国逐渐形成了机械化、信息化和专业化的现代农业体系。

（二）法国家庭农场发展经验

1. 借助国家政策，引导规范化发展

法国中型家庭农场模式的成功部分归功于法国政府的政策支持，我国

家庭农场的发展也需要借力国家政策，出台相关土地、信贷政策，扶持农业发展，给予农场主一定的鼓励和引导。

2. 发放财政补贴，鼓励规模化发展

法国中型农场模式受到政府财政补贴等资金方面的扶持，如农业补贴的发放，在很大程度上鼓励了农场的发展。我国可以借鉴法国的经验，加大资金投入、科技投入、人才投入等，帮助农业实行现代化转型。

3. 因地因时规划资源，推行专业化发展

法国家庭农场的专业化生产极大地提高了有限资源的利用率，有利于农业生产过程的细化和个性化，最终走向标准化生产。同时，专业化经营有利于农场规模的扩大，促进了农业经济的发展。

三、日本农场发展：经营规模以小微型为主

相较于美国和法国，日本自身的资源环境均不利于农业发展。日本多山岛国，疆域狭小，全国68%的地域为山地，土地所有权高度分散，人口老龄化问题严重，并不具备发展以规模化、机械化、现代化为特征的家庭农场的优势条件。日本家庭农场的产生正是为了应对因土地资源贫瘠、工业化快速发展导致的农业经济规模萎缩、农业从业人口减少而适时发展起来的一种集约化生产经营方式。如今，日本家庭农场已经实现了高度机械化、信息化、品牌化，成为全球家庭农场经济发展中的典型。

日本打破资源束缚的瓶颈，走产业化、品牌化、高端化的“精品”家庭农场经营路线的发展模式特点与经验，同样值得我国借鉴。

（一）日本家庭农场发展特点

1. 分离所有权与使用权，实现规模化经营

随着工业化的快速发展，日本从事农业经营的人口不断减少，为发展协作企业，扩大农业经营规模，日本政府部门开始鼓励农业土地所有权和使用权的分离。

1946—1950年，日本采取强硬措施购买地主的土地转卖给自耕农，20世纪60—70年代，为避免由于小规模家庭占有土地而阻碍大规模、连片经营，日本农地改革的重点转向鼓励农地所有权与使用权相分离，通过

土地经营权的流动，鼓励以农田租赁和作业委托等形式集中土地，推进协作生产，大规模提高农场基础设施建设水平，使土地得以连片经营。日本出台《农业基本法》鼓励农民多拥有农业土地，前提条件必须是这些农民只能够使用本家庭的劳动力；对于离开村庄去城里工作的农民来说，《农业基本法》鼓励其将农业土地委托给小规模的经营主体代为耕种，前提条件是这些经营主体也必须开展农业生产经营活动。此外，日本还对农场经营给予补贴，建立了完善的规章制度和监管机构，严格控制金融资金的流向和使用，避免农业金融资金受趋利性影响而流入非农业用途或非农业生产部门。

这些举措推出后，日本陆续出现了规模较大的农场，农业的高科技化、机械化水平大大提高。

2. 支持农协组织，完善社会化服务体系

在日本政府的大力支持下，地区性合作经济组织（协会）蓬勃发展，尤其是日本农协组织。目前，日本已通过遍及全国的各级农协，形成了系统化的农协网，与广大家庭农场建立了直接联系。该网络系统所涉及的方面包括生产部门、销售部门、采购部门、技术指导以及医疗福利部门等，还有少数的农协为水果部门、园艺部门、畜产部门、桑蚕部门等特定部门提供专门的服务，属于专业农协。

在经营模式上，通过日本农协，核心农户和生产合作组织妥善经营农户出租和委托作业的耕地，整合土地，扩大农场规模，同时确保家庭农场在产前、产中、产后环节能够直接与市场对接，对提升家庭农场农民经济利益发挥了重要作用。在技术实践上，农协为地区农业提供统一的技术指导，针对当地农业发展特点进行农业科普教育，帮助农场农民获得最新的农业生产技术。在产业体系上，日本农协从品种选育到农产品投入市场的整个生产体系中，从农田规划、播种、田间管理、收获、加工、流通上市等方面，向家庭农场提供帮助。在社会职能上，农协创办了非营利性的合作保险，并严格监督；农协的合作医疗对象涵盖了农协会员的所有家庭成员，保障广大农村人口的身体健康；农协还承担了农村公共生活设施的经营管理，活动用品的购买、农村生活咨询、农民教育等多种活动。

3. 开展土地改良，推广农业技术，提高生产效率

为扭转土地贫瘠、土地零散分散对农业产生的不良影响，一方面，日本以1949年出台（先后经历7次修改）的《土地改良法》为核心，开展了包括灌溉排水设施改良与建设、农田道路改革与整顿、推进环境保全型农业等一系列的农用地改良、开发和保护活动。另一方面，日本政府非常注重农业新技术、新设备的使用，尤其是注重生物技术的使用，通过积极开展病虫害防治技术、测土配方施肥技术的推广工作，有效提高了日本农业生产的机械化水平，显著提升了日本家庭农场的整体经营绩效。

4. 注重农产品深加工，走品牌化道路

有机农产品附加值较高，日本许多家庭农场都种植有机产品，产量不大，但由于联合企业采用现代技术进行深加工，减少了原料消耗，提高了产品的新鲜度，大大提高了产品的附加值。同时，日本十分注重挖掘传统文化，农场通过在产品中融入传统文化，实施品牌战略，获得了较高收益。例如，日本大北食品的豆腐采用四叶联合会旗下的有机黄豆种植户的黄豆作为原料，采用现代技术与传统工艺相结合的方法进行加工，对加工质量控制非常严格，并采用会员制进行销售，产品在日本具有较高知名度，往往供不应求。

5. 发展观光农业，促进产业融合

日本许多农场主已开始利用农场发展观光农业，不仅增加了农场收入，还有利于培育潜在消费者，促进农产品品牌的营销和推广。东京自1992年起即由市教委、农协、农户三方合作兴办了面积约1/10公顷的学校农园，成为学生体验农事作业的场所。

6. 关注女性和青年，缔结家庭成员

日本农业人口老龄化严重，日本青年也大多不喜务农，因此，日本的农业政策有意培养更多女性和青年从事农业生产经营，在有效增加劳动力的同时，也更好地缔结了从事家族农业经营的各家庭成员间的联系，促使家庭农业经营能够顺利继承。在培养女性从业者方面，日本较为典型的做法是推行《家族经营协定》，为培育更多行业内的女性领导人和女性从业者提供更合适的外部环境。日本还经常举办以提高农业农村生产经营水平、指导农户夫妇合作经营为主题的实践性研修课以及专家研讨会，以培养更多拥有区域农业发展问题意识的女性从业者。在培养青年从业者方面，日本推行经营继承对策，呼吁农业从业者尽早进行计划性安排；对不超过45岁的务农人员，给予培养经费补贴，用以提高农民的职业技能，培养了一批懂管理、会技术、适应现代信息社会的农业专业人才；并对农业经营者教育机构给予资金支持，帮助其购买教学设施、农业机械设备，提高其办学能力。

（二）日本家庭农场发展经验

1. 盘活土地资源，建立土地流转的长效机制

日本通过土地租佃等方式，分离所有权和使用权，帮助家庭农场盘活了有限的土地资源。目前在政府适度引导、协调、干预的前提下，我国家庭农场也已通过土地流转等形式，提高了土地流转水平，盘活了土地经营权。

2. 推广先进技术，整理改良土地，促进“景-村”融合发展

日本对先进技术设备的推广，显著降低了土地贫瘠对家庭农场带来的消极影响。配合日本的农业用地保护和改良政策措施，日本大部分农业用地都得到了有效整理，促进了土地资源的高效利用，有利于家庭农场的持续发展，乡村景观也得到了维护和改善。

3. 深化区域协作，建立完善的服务体系

日本农协的经验也已经证明，发达而全面的农业社会化服务体系是家庭农场发展的前提。日本的农协组织代表家庭农场和农户的利益参与政府决策，为家庭农场和农户提供生产全过程指导服务，还承担了诸多社会职能。

4. 聚焦特色产业，提高产品附加值，做长做深农业产业链

日本农场在发展绿色农业时，注重有机产品深加工工艺技术，降低投入，提高产品新鲜度，同时挖掘利用文化特色，结合休闲农旅，打造特色品牌，推出会员制销售，提高产品附加值，极大地提高了农场的综合收益。

5. 鼓励家庭成员参与经营，系统性培育女性和青年农场主

日本政府在政策、补贴、培训等各方面都十分注重鼓励更多家庭成员参与农场经营，有效地提高了农业从业者的数量和质量。

四、境外农场发展经验的比较和启示

（一）美国、法国、日本家庭农场发展的比较分析

美国、法国、日本的家庭农场在经营规模、土地集聚方式、经营方

式、保障机制方面各有特色。

1. 从经营规模来看

美国农场的经营规模在波动中逐渐扩大，目前以大型农场为主导；法国在扶持农场规模化发展的同时利用政策法规控制经营规模，逐渐形成了以中型农场为主的农业发展格局；日本受制于苛刻的自然地理条件，并不具备发展规模化家庭农场的优势，走上了着力打造产业化、品牌化、高端化的“精品”小微型家庭农场之路。

2. 从土地集聚方式来看

美国大规模农场通过不断地整合、兼并小型农场，逐步凸显与其他分散经营的小规模主体的比较优势，集中更多土地、劳动力和资本；法国农场土地集聚的方式主要是通过土地流转，但过程中体现出较强的政府干预作用，政府通过立法、政策扶持、信贷优惠等方式刺激农场流转土地，同时又通过税收手段抑制土地的过分集中；日本通过积极鼓励农村土地所有权与使用权分离的方式，大力提倡农民采用租赁或作业委托等形式开展农业协作工作，最终实现了农村土地的规模经营。

3. 从经营方式来看

美国、法国家庭农场以区域化、规模化、专业化为主要经营重心，以兼业化为主、专业化为辅的经营方式开展区域化生产活动，专业化经营、兼业化经营两种经营方式并存；日本农业管理部门对私自出售土地者会给予高额的税收惩罚，政府部门不鼓励家庭农场主退出农业经营，所以，日本家庭农场专业化、规模化进程十分缓慢，普遍以集约化、兼业化经营方式开展农业生产经营活动，其工作核心在于提升农场产出效益。

4. 从保障机制来看

美国和法国的农业管理部门制定了一系列家庭农场扶持政策及配套政策，如财税、信贷、保险等政策，真正实现了家庭农场补贴多样化、税收优惠普遍化及信贷、保险机制完备化；法国农业管理部门采取一系列家庭农场干预政策，实现了由细碎、闲置、低效农业生产向规模化、高效率家庭农场顺利转变，制定了一系列土地政策、信贷政策、价格政策、税收政策等，形成一整套高效完整的政策体系，并持续在资金、科技和人才三方面投入，帮助家庭农场实现农业现代化转型、经营规模适度扩大，生产边际效率逐渐递增；日本政府部门出台了一揽子农村土地改革政策，积极引导农户以租赁、作业委托等方式开展土地合作经营，租赁、委托方式的顺利开展加快了日本家庭农场规模化经营步伐。

（二）境外家庭农场发展经验对我国的启示

1. 全面理解现代家庭农场的内涵

家庭农场作为新型农业经营主体的一种重要形式，是我国农村生产力不断发展的产物。现代家庭农场的成功是需要高素质的农场主和高度规范化的生产运营管理水平共同成就的。美国、欧洲、东亚较成功的家庭农场的发展经验表明，家庭农场主精于经营管理，有卓越超前的农业行业思维，熟悉法律法规、税收政策，且了解产业规划、市场动向；农场的规范化程度普遍较高，生产作业的机械化、自动化、信息化水平较高，农畜产品高质高效，符合法定标准，具有可持续发展的能力，专业化程度较高。

2. 建立完善的家庭农场政策扶持体系

在土地政策方面，政府可以利用相应的流转政策，引导农民进行土地流转，从而成立集约化、规模化的家庭农场。在信贷政策上，引导金融机构对农民的信贷方法进行升级，推出不同的金融产品，不断拓宽农场主的融资渠道。

3. 推行适度规模的经营发展模式

就我国人多地少的实际农情而言，家庭农场可以实现土地集中、土地规模扩大，现阶段应注重推行适度规模经营发展，以合理控制生产品种和数量，提高市场稳定性和降低经营风险。国际经验也已经证明，小型农场转变为大型农场的过程必然具有长期性和艰巨性。因此，需在持续稳定小农生产的基础上，进一步健全土地流转机制和促进农村劳动力有序转移，因地制宜、分类指导地稳步推进适度规模经营的家庭农场发展。

4. 形成产业集聚效应

我国农业生产具有地域性特征，家庭农场在今后发展中，也应像发达国家一样因地制宜、因时制宜地进行合理的资源规划。根据土壤、水源、气候等自然条件和资源的优势来调整结构，实施专业化生产。依托本地特色优势资源，积极拓展二三产业，延伸产业链条，开发特色化、多样化产品，提升乡村特色产业的附加值，提高农场综合效益，助力打造农业全产业链。

5. 建立健全社会化服务体系

党的二十大报告明确提出，“巩固和完善农村基本经营制度，发展新型农村集体经济，发展新型农业经营主体和社会化服务，发展农业适度规模经营”。国际经验也已证明，提高农业社会化服务水平、提升农业社会化服务能力、健全农业社会化服务体系既是保障规模经营可持续发展的重要条件，也是响应新型农业经营主体需求、衔接小农户与现代农业发展的可行路径。我国农业社会化服务水平与农业经营主体需求尚有较大差距，在推进农业社会化服务进程中，要鼓励和引导社会力量参与公益性服务。因此，我国要加快构建新型农业社会化服务体系，培育多元化、多形式、多层次的农业生产服务组织，做好产前的农资供应、市场信息服务，产中的农业技术指导、农机协作服务，产后的贮藏、加工、物流和销售服务等，为家庭农场提供服务保障。

6. 提高家庭农场整体现代化水平

国际经验已经证明，推广先进技术设备是提高家庭农场整体现代化水平的主要路径。一是加强发展现代农产品加工技术，推广先进加工技术设备的应用以及当前领先的加工工艺技术。二是联合农产品研发机构，大力推广生物工程技术、冷冻保鲜、分子蒸馏等高新技术在农产品加工中的应用，降低加工中的损耗和储运中的损失，提高产值。三是提高现代信息技术在家庭农场中的普及，提高农村地区光纤接入率和各类移动终端的使用水平，让农民能通过网络及时获取农业技术指导，获得国内外市场资讯。四是大力推广土地整理改良，开展立面整治、道路改建、公建配套等做法，实现“景-村”共荣发展。

7. 加强对家庭农场经营主的培训力度

目前，我国大多数家庭农场发源于传统的承包农户，农场经营者文化素质水平总体较低，缺乏专业技能和经营管理能力。因此，需要注重农业职业教育，强化对家庭农场主的技术培训，尽可能提高家庭农场主的文化素质、商品意识、信息意识和市场意识，着力提升其经营管理水平。同时，通过完善相关支持政策措施，为村干部、农民企业家和种植养殖大户这类潜在农场主提供转型发展平台，引导农业职业院校毕业生、务工返乡人员、立志从事农业创业的骨干农民创办家庭农场。鼓励农场主的配偶、后代等亲属更多地投入家庭农场的工作中，切实加强家庭农场发展后劲。

8. 建立有效的农业风险防范机制

面对家庭农场生产成本上涨的压力，政府应通过引导农地经营权有序流转，推动土地适度规模集聚，避免地块过于分散，并通过构建农地产权交易平台降低农地交易费用。对于农业生产经营风险，可以采取分阶段、动态式补贴，补贴对象侧重于新型农业经营主体，补贴资金向家庭农场这类适度规模经营主体倾斜。对于农产品市场风险，可以指导建设农产品价格信息发布与预测平台，帮助农户对农产品价格趋势做出理性预判，从而调整农产品生产结构。对于自然风险，政府可通过推行政策性农业保险进行有效分担，从而最大限度降低农民损失。在面对资金短缺风险的时候，可以通过大力发展农村金融服务体系为家庭农场提供“一揽子服务”，推行面向家庭农场的金融产品，创新家庭农场贷款担保方式，协助农场财务管理以及提供农场风险补偿等服务。

【本章参考文献】

付俊红，2014. 美国发展家庭农场的经验［J］. 世界农业（12）：18－20、28.

赵阳，等，2021. 家庭农场高质量发展［M］. 北京：人民出版社.

李硕，姚凤阁，2015. 日本农村金融体系对中国农村金融改革的启示［J］. 东北师大学报（哲学社会科学版）（2）：235－237.

刘德娟，林树文，曾玉荣，2017. 日本土地改良事业的演变、特征及其成效［J］. 现代日本经济（5）：40－51.

骆乐，史建民，2015. 日本农业协同组合对我国家庭农场发展的启发［J］. 中国农业信息（14）：32－34.

吕亚荣，刘炳辰，潘韵，等，2018. 美国农场规模和结构变迁及其对中国的启示［J］. 世界农业（5）：4－12.

吕亚荣，刘炳辰，潘韵，邱东璇，2018. 美国农场规模和结构变迁及其对中国的启示［J］. 世界农业（5）：4－12.

孟莉娟，2015. 美国、日本、韩国家庭农场发展经验与启示［J］. 世界农业（12）：184－188.

宋涛，蔡建明，刘军萍，杨振山，温婷，2013. 世界城市都市农业发展的经验借鉴［J］. 世界地理研究（2）：88－96.

孙中华，2014. 积极稳妥地发展家庭农场［J］. 农村工作通讯（7）：12－14.

薛亮，杨永坤，2015. 家庭农场发展实践及其对策探讨［J］. 农业经济问题，36（2）：4－8、110.

张红宇，寇广增，李琳，李巧巧，2017. 我国普通农户的未来方向——美国家庭农场考察情况与启示［J］. 农村经营管理（9）：19－24.

张悦，刘文勇，2016. 家庭农场的生产效率与风险分析［J］. 农业经济问题，37（5）：16－21、110.

张云华，2016. 家庭农场是农业经营方式的主流方向——发展家庭农场的国际经验及对我国的启示［J］. 农村工作通讯（20）：4.

赵冬，许爱萍，2019. 日本发展家庭农场的缘起、经验与启示［J］. 农业经济（2）：18－20.

赵芳鋆，2017. 法国家庭农场与农业旅游的融合发展探析［J］. 世界农业（8）：206－209. DOI：10.13856/j.cn11－1097/s.2017.08.034.

赵豪杰，刘凤义，2020. 美国资本主义制度下家庭农场的困境分析［J］. 政治经济学评论，11（6）：146－183.

赵维清，2012. 日本认定农业者制度及其对我国的启示［J］. 现代日本经济（2）：65－72.

赵颖文，李晓，彭迎，2019. 美国家庭农场的发展经验及对中国的启示［J］. 中国食物与营养，25（2）：5－10.

朱学新，2013. 法国家庭农场的发展经验及其对我国的启示［J］. 农村经济（11）：122－126.

GRANT W.，1997. The Common Agricultural Policy［M］. London：MacmillanPressLtd.

USDA，National Agricultural Statistics Service（NASS），2012. 2012 census of agriculture［EB/OL］. https：//www.agcensus.usda.gov/Publications/2012/Full－Report/Volume，Chapter_1_US/usv1.pdf.

Whitt C，Macdonald J M，Todd J E，2019. America's Diverse Family Farms：2019 Edition［J］. Economic Information Bulletin.

Whitt C，Todd J E，Keller A，2021. America's Diverse Family Farms：2021 Edition［J］. Economic Information Bulletin.

附　　录

附录1　关于引导农村土地经营权有序流转发展农业适度规模经营的意见

伴随我国工业化、信息化、城镇化和农业现代化进程，农村劳动力大量转移，农业物质技术装备水平不断提高，农户承包土地的经营权流转明显加快，发展适度规模经营已成为必然趋势。实践证明，土地流转和适度规模经营是发展现代农业的必由之路，有利于优化土地资源配置和提高劳动生产率，有利于保障粮食安全和主要农产品供给，有利于促进农业技术推广应用和农业增效、农民增收，应从我国人多地少、农村情况千差万别的实际出发，积极稳妥地推进。为引导农村土地（指承包耕地）经营权有序流转、发展农业适度规模经营，现提出如下意见。

一、总体要求

（一）指导思想。全面理解、准确把握中央关于全面深化农村改革的精神，按照加快构建以农户家庭经营为基础、合作与联合为纽带、社会化服务为支撑的立体式复合型现代农业经营体系和走生产技术先进、经营规模适度、市场竞争力强、生态环境可持续的中国特色新型农业现代化道路的要求，以保障国家粮食安全、促进农业增效和农民增收为目标，坚持农村土地集体所有，实现所有权、承包权、经营权“三权分置”，引导土地经营权有序流转，坚持家庭经营的基础性地位，积极培育新型经营主体，发展多种形式的适度规模经营，巩固和完善农村基本经营制度。改革的方向要明，步子要稳，既要加大政策扶持力度，加强典型示范引导，鼓励创新农业经营体制机制，又要因地制宜、循序渐进，不能搞“大跃进”，不能搞强迫命令，不能搞行政瞎指挥，使农业适度规模经营发展与城镇化进程和农村劳动力转移规模相适应，与农业科技进步和生产手段改进程度相适应，与农业社会化服务水平提高相适应，让农民成为土地流转和规模经营的积极参与者和真正受益者，避免走弯路。

（二）基本原则

——坚持农村土地集体所有权，稳定农户承包权，放活土地经营权，以家庭承包经营为基础，推进家庭经营、集体经营、合作经营、企业经营等多种经营方式共同发展。

——坚持以改革为动力，充分发挥农民首创精神，鼓励创新，支持基层先行先试，靠改革破解发展难题。

——坚持依法、自愿、有偿，以农民为主体，政府扶持引导，市场配置资源，土地经营权流转不得违背承包农户意愿、不得损害农民权益、不得改变土地用途、不得破坏农业综合生产能力和农业生态环境。

——坚持经营规模适度，既要注重提升土地经营规模，又要防止土地过度集中，兼顾效率与公平，不断提高劳动生产率、土地产出率和资源利用率，确保农地农用，重点支持发展粮食规模化生产。

二、稳定完善农村土地承包关系

（三）健全土地承包经营权登记制度。建立健全承包合同取得权利、登记记载权利、证书证明权利的土地承包经营权登记制度，是稳定农村土地承包关系、促进土地经营权流转、发展适度规模经营的重要基础性工作。完善承包合同，健全登记簿，颁发权属证书，强化土地承包经营权物权保护，为开展土地流转、调处土地纠纷、完善补贴政策、进行征地补偿和抵押担保提供重要依据。建立健全土地承包经营权信息应用平台，方便群众查询，利于服务管理。土地承包经营权确权登记原则上确权到户到地，在尊重农民意愿的前提下，也可以确权确股不确地。切实维护妇女的土地承包权益。

（四）推进土地承包经营权确权登记颁证工作。按照中央统一部署、地方全面负责的要求，在稳步扩大试点的基础上，用5年左右时间基本完成土地承包经营权确权登记颁证工作，妥善解决农户承包地块面积不准、四至不清等问题。在工作中，各地要保持承包关系稳定，以现有承包台账、合同、证书为依据确认承包地归属；坚持依法规范操作，严格执行政策，按照规定内容和程序开展工作；充分调动农民群众积极性，依靠村民民主协商，自主解决矛盾纠纷；从实际出发，以农村集体土地所有权确权为基础，以第二次全国土地调查成果为依据，采用符合标准规范、农民群众认可的技术方法；坚持分级负责，强化县乡两级的责任，建立健全党委和政府统一领导、部门密切协作、群众广泛参与的工作机制；科学制定工作方案，明确时间表和路线图，确保工作质量。有关部门要加强调查研究，有针对性地提出操作性政策建议和具体工作指导意见。土地承包经营权确权登记颁证工作经费纳入地方财政预算，中央财政给予补助。

三、规范引导农村土地经营权有序流转

（五）鼓励创新土地流转形式。鼓励承包农户依法采取转包、出租、互换、转让及入股等方式流转承包地。鼓励有条件的地方制定扶持政策，引导农户长期流转承包地并促进其转移就业。鼓励农民在自愿前提下采取互换并地方式解决承包地细碎化问题。在同等条件下，本集体经济组织成员享有土地流转优先权。以转让方式流转承包地的，原则上应在本集体经济组织成员之间进行，且需经发包方同意。以其他形式流转的，应当依法报发包方备案。抓紧研究探索集体所有权、农户承包权、土地经营权在土地流转中的相互权利关系和具体实现形式。按照全国统一安排，稳步推进土地经营权抵押、担保试点，研究制定统一规范的实施办法，探索建立抵押资产处置机制。

（六）严格规范土地流转行为。土地承包经营权属于农民家庭，土地是否流转、价格如何确定、形式如何选择，应由承包农户自主决定，流转收益应归承包农户所有。流转期限应由流转双方在法律规定的范围内协商确定。没有农户的书面委托，农村基层组织无权以任何方式决定流转农户的承包地，更不能以少数服从多数的名义，将整村整组农户承包地集中对外招商经营。防止少数基层干部私相授受，谋取私利。严禁通过定任务、下指标或将流转面积、流转比例纳入绩效考核等方式推动土地流转。

（七）加强土地流转管理和服务。有关部门要研究制定流转市场运行规范，加快发展多种形式的土地经营权流转市场。依托农村经营管理机构健全土地流转服务平台，完善县乡村三级服务和管理网络，建立土地流转监测制度，为流转双方提供信息发布、政策咨询等服务。土地流转服务主体可以开展信息沟通、委托流转等服务，但禁止层层转包从中牟利。土地

流转给非本村（组）集体成员或村（组）集体受农户委托统一组织流转并利用集体资金改良土壤、提高地力的，可向本集体经济组织以外的流入方收取基础设施使用费和土地流转管理服务费，用于农田基本建设或其他公益性支出。引导承包农户与流入方签订书面流转合同，并使用统一的省级合同示范文本。依法保护流入方的土地经营权益，流转合同到期后流入方可在同等条件下优先续约。加强农村土地承包经营纠纷调解仲裁体系建设，健全纠纷调处机制，妥善化解土地承包经营流转纠纷。

（八）合理确定土地经营规模。各地要依据自然经济条件、农村劳动力转移情况、农业机械化水平等因素，研究确定本地区土地规模经营的适宜标准。防止脱离实际、违背农民意愿，片面追求超大规模经营的倾向。现阶段，对土地经营规模相当于当地户均承包地面积 10 至 15 倍、务农收入相当于当地二三产业务工收入的，应当给予重点扶持。创新规模经营方式，在引导土地资源适度集聚的同时，通过农民的合作与联合、开展社会化服务等多种形式，提升农业规模化经营水平。

（九）扶持粮食规模化生产。加大粮食生产支持力度，原有粮食直接补贴、良种补贴、农资综合补贴归属由承包农户与流入方协商确定，新增部分应向粮食生产规模经营主体倾斜。在有条件的地方开展按照实际粮食播种面积或产量对生产者补贴试点。对从事粮食规模化生产的农民合作社、家庭农场等经营主体，符合申报农机购置补贴条件的，要优先安排。探索选择运行规范的粮食生产规模经营主体开展目标价格保险试点。抓紧开展粮食生产规模经营主体营销贷款试点，允许用粮食作物、生产及配套辅助设施进行抵押融资。粮食品种保险要逐步实现粮食生产规模经营主体愿保尽保，并适当提高对产粮大县稻谷、小麦、玉米三大粮食品种保险的保费补贴比例。各地区各有关部门要研究制定相应配套办法，更好地为粮食生产规模经营主体提供支持服务。

（十）加强土地流转用途管制。坚持最严格的耕地保护制度，切实保护基本农田。严禁借土地流转之名违规搞非农建设。严禁在流转农地上建设或变相建设旅游度假村、高尔夫球场、别墅、私人会所等。严禁占用基本农田挖塘栽树及其他毁坏种植条件的行为。严禁破坏、污染、圈占闲置耕地和损毁农田基础设施。坚决查处通过“以租代征”违法违规进行非农建设的行为，坚决禁止擅自将耕地“非农化”。利用规划和标准引导设施农业发展，强化设施农用地的用途监管。采取措施保证流转土地用于农业生产，可以通过停发粮食直接补贴、良种补贴、农资综合补贴等办法遏制撂荒耕地的行为。在粮食主产区、粮食生产功能区、高产创建项目实施区，不符合产业规划的经营行为不再享受相关农业生产扶持政策。合理引导粮田流转价格，降低粮食生产成本，稳定粮食种植面积。

四、加快培育新型农业经营主体

（十一）发挥家庭经营的基础作用。在今后相当长时期内，普通农户仍占大多数，要继续重视和扶持其发展农业生产。重点培育以家庭成员为主要劳动力、以农业为主要收入来源，从事专业化、集约化农业生产的家庭农场，使之成为引领适度规模经营、发展现代农业的有生力量。分级建立示范家庭农场名录，健全管理服务制度，加强示范引导。鼓励各地整合涉农资金建设连片高标准农田，并优先流向家庭农场、专业大户等规模经营农户。

（十二）探索新的集体经营方式。集体经济组织要积极为承包农户开展多种形式的生产服务，通过统一服务降低生产成本、提高生产效率。有条件的地方根据农民意愿，可以统一连片整理耕地，将土地折股量化、确权到户，经营所得收益按股分配，也可以引导农民以承包地入股组建土地股份合作组织，通过自营或委托经营等方式发展农业规模经营。各地要结合实际不断探索和丰富集体经营的实现形式。

（十三）加快发展农户间的合作经营。鼓励承包农户通过共同使用农业机械、开展联合营销等方式发展联户经营。鼓励发展多种形式的农民合作组织，深入推进示范社创建活动，促进农民合作社规范发展。在管理民主、运行规范、带动力强的农民合作社和供销合作社基础上，培育发展农村合作金融。引导发展农民专业合作社联合社，支持农民合作社开展农社对接。允许农民以承包经营权入股发展农业产业化经营。探索建立农户入股土地生产性能评价制度，按照耕地数量质量、参照当地土地经营权流转价格计价折股。

（十四）鼓励发展适合企业化经营的现代种养业。鼓励农业产业化龙头企业等涉农企业重点从事农产品加工流通和农业社会化服务，带动农户和农民合作社发展规模经营。引导工商资本发展良种种苗繁育、高标准设施农业、规模化养殖等适合企业化经营的现代种养业，开发农村“四荒”资源发展多种经营。支持农业企业与农户、农民合作社建立紧密的利益联结机制，实现合理分工、互利共赢。支持经济发达地区通过农业示范园区引导各类经营主体共同出资、相互持股，发展多种形式的农业混合所有制经济。

（十五）加大对新型农业经营主体的扶持力度。鼓励地方扩大对家庭农场、专业大户、农民合作社、龙头企业、农业社会化服务组织的扶持资金规模。支持符合条件的新型农业经营主体优先承担涉农项目，新增农业补贴向新型农业经营主体倾斜。加快建立财政项目资金直接投向符合条件的合作社、财政补助形成的资产转交合作社持有和管护的管理制度。各省（自治区、直辖市）根据实际情况，在年度建设用地指标中可单列一定比例专门用于新型农业经营主体建设配套辅助设施，并按规定减免相关税费。综合运用货币和财税政策工具，引导金融机构建立健全针对新型农业经营主体的信贷、保险支持机制，创新金融产品和服务，加大信贷支持力度，分散规模经营风险。鼓励符合条件的农业产业化龙头企业通过发行短期融资券、中期票据、中小企业集合票据等多种方式，拓宽融资渠道。鼓励融资担保机构为新型农业经营主体提供融资担保服务，鼓励有条件的地方通过设立融资担保专项资金、担保风险补偿基金等加大扶持力度。落实和完善相关税收优惠政策，支持农民合作社发展农产品加工流通。

（十六）加强对工商企业租赁农户承包地的监管和风险防范。各地对工商企业长时间、大面积租赁农户承包地要有明确的上限控制，建立健全资格审查、项目审核、风险保障金制度，对租地条件、经营范围和违规处罚等作出规定。工商企业租赁农户承包地要按面积实行分级备案，严格准入门槛，加强事中事后监管，防止浪费农地资源、损害农民土地权益，防范承包农户因流入方违约或经营不善遭受损失。定期对租赁土地企业的农业经营能力、土地用途和风险防范能力等开展监督检查，查验土地利用、合同履行等情况，及时查处纠正违法违规行为，对符合要求的可给予政策扶持。有关部门要抓紧制定管理办法，并加强对各地落实情况的监督检查。

五、建立健全农业社会化服务体系

（十七）培育多元社会化服务组织。巩固乡镇涉农公共服务机构基础条件建设成果。鼓励农技推广、动植物防疫、农产品质量安全监管等公共服务机构围绕发展农业适度规模经营拓展服务范围。大力培育各类经营性服务组织，积极发展良种种苗繁育、统防统治、测土配方施肥、粪污集中处理等农业生产性服务业，大力发展农产品电子商务等现代流通服务业，支持建设粮食烘干、农机场库棚和仓储物流等配套基础设施。农产品初加工和农业灌溉用电执行农业生产用电价格。鼓励以县为单位开展农业社会化服务示范创建活动。开展政府购买农业公益性服务试点，鼓励向经营性服务组织购买易监管、可量化的公益性服务。研究制定政府购买农业公益性服务的指导性目录，建立健全购买服务的标准合同、规范程序和监督机制。积极推广既不改变农户承包关系，又保证地有人种的托管服务模式，鼓励种粮大户、农机大户和农机合作社开展全程托管或主要生产环节托管，实现统一耕作，规模化生产。

（十八）开展新型职业农民教育培训。制定专门规划和政策，壮大新型职业农民队伍。整合教育培训资源，改善农业职业学校和其他学校涉农专业办学条件，加快发展农业职业教育，大力发展现代农业远程教育。实施新型职业农民培育工程，围绕主导产业开展农业技能和经营能力培养培训，扩大农村实用人才带头人示范培养培训规模，加大对专业大户、家庭农场经营者、农民合作社带头人、农业企业经营管理人员、农业社会化服务人员和返乡农民工的培养培训力度，把青年农民纳入国家实用人才培养计划。努力构建新型职业农民和农村实用人才培养、认定、扶持体系，建立公益性农民培养培训制度，探索建立培育新型职业农民制度。

（十九）发挥供销合作社的优势和作用。扎实推进供销合作社综合改革试点，按照改造自我、服务农民的要求，把供销合作社打造成服务农民生产生活的生力军和综合平台。利用供销合作社农资经营渠道，深化行业合作，推进技物结合，为新型农业经营主体提供服务。推动供销合作社农产品流通企业、农副产品批发市场、网络终端与新型农业经营主体对接，开展农产品生产、加工、流通服务。鼓励基层供销合作社针对农业生产重要环节，与农民签订服务协议，开展合作式、订单式服务，提高服务规模化水平。

土地问题涉及亿万农民切身利益，事关全局。各级党委和政府要充分认识引导农村土地经营权有序流转、发展农业适度规模经营的重要性、复杂性和长期性，切实加强组织领导，严格按照中央政策和国家法律法规办事，及时查处违纪违法行为。坚持从实际出发，加强调查研究，搞好分类指导，充分利用农村改革试验区、现代农业示范区等开展试点试验，认真总结基层和农民群众创造的好经验好做法。加大政策宣传力度，牢固树立政策观念，准确把握政策要求，营造良好的改革发展环境。加强农村经营管理体系建设，明确相应机构承担农村经管工作职责，确保事有人干、责有人负。各有关部门要按照职责分工，抓紧修订完善相关法律法规，建立工作指导和检查监督制度，健全齐抓共管的工作机制，引导农村土地经营权有序流转，促进农业适度规模经营健康发展。

中共中央办公厅
国务院办公厅
2014 年 11 月 21 日

附录 2　关于实施家庭农场培育计划的指导意见

各省、自治区、直辖市人民政府，国务院各部委、各直属机构：

家庭农场以家庭成员为主要劳动力，以家庭为基本经营单元，从事农业规模化、标准化、集约化生产经营，是现代农业的主要经营方式。党的十八大以来，各地区各部门按照党中央、国务院决策部署，积极引导扶持农林牧渔等各类家庭农场发展，取得了初步成效，但家庭农场仍处于起步发展阶段，发展质量不高、带动能力不强，还面临政策体系不健全、管理制度不规范、服务体系不完善等问题。为贯彻落实习近平总书记重要指示精神，加快培育发展家庭农场，发挥好其在乡村振兴中的重要作用，经国务院同意，现就实施家庭农场培育计划提出以下意见。

一、总体要求

（一）指导思想。以习近平新时代中国特色社会主义思想为指导，全面贯彻党的十九大和十九届二中、三中全会精神，紧紧围绕统筹推进“五位一体”总体布局和协调推进“四个全面”战略布局，落实新发展理念，坚持高质量发展，以开展家庭农场示范创建为抓手，以建立健全指导服务机制为支撑，以完善政策支持体系为保障，实施家庭农场培育计划，按照“发展一批、规范一批、提升一批、推介一批”的思路，加快培育出一大批规模适度、生产集约、管理先进、效益明显的家庭农场，为促进乡村全面振兴、实现农业农村现代化夯实基础。

（二）基本原则。

坚持农户主体。坚持家庭经营在农村基本经营制度中的基础性地位，鼓励有长期稳定务农意愿的农户适度扩大经营规模，发展多种类型的家庭农场，开展多种形式合作与联合。

坚持规模适度。引导家庭农场根据产业特点和自身经营管理能力，实现最佳规模效益，防止片面追求土地等生产资料过度集中，防止“垒大户”。

坚持市场导向。遵循家庭农场发展规律，充分发挥市场在推动家庭农场发展中的决定性作用，加强政府对家庭农场的引导和支持。

坚持因地制宜。鼓励各地立足实际，确定发展重点，创新家庭农场发展思路，务求实效，不搞一刀切，不搞强迫命令。

坚持示范引领。发挥典型示范作用，以点带面，以示范促发展，总结推广不同类型家庭农场的示范典型，提升家庭农场发展质量。

（三）发展目标。到2020年，支持家庭农场发展的政策体系基本建立，管理制度更加健全，指导服务机制逐步完善，家庭农场数量稳步提升，经营管理更加规范，经营产业更加多元，发展模式更加多样。到2022年，支持家庭农场发展的政策体系和管理制度进一步完善，家庭农场生产经营能力和带动能力得到巩固提升。

二、完善登记和名录管理制度

（四）合理确定经营规模。各地要以县（市、区）为单位，综合考虑当地资源条件、行业特征、农产品品种特点等，引导本地区家庭农场适度规模经营，取得最佳规模效益。把符合条件的种养大户、专业大户纳入家庭农场范围。（农业农村部牵头，林草局等参与）

（五）优化登记注册服务。市场监管部门要加强指导，提供优质高效的登记注册服务，按照自愿原则依法开展家庭农场登记。建立市场监管部门与农业农村部门家庭农场数据信息共享机制。（市场监管总局、农业农村部牵头）

（六）健全家庭农场名录系统。完善家庭农场名录信息，把农林牧渔等各类家庭农场纳入名录并动态更新，逐步规范数据采集、示范评定、运行分析等工作，为指导家庭农场发展提供支持和服务。（农业农村部牵头，林草局等参与）

三、强化示范创建引领

（七）加强示范家庭农场创建。各地要按照“自愿申报、择优推荐、逐级审核、动态管理”的原则，健全工作机制，开展示范家庭农场创建，引导其在发展适度规模经营、应用先进技术、实施标准化生产、纵向延伸农业产业链价值链以及带动小农户发展等方面发挥示范作用。（农业农村部牵头，林草局等参与）

（八）开展家庭农场示范县创建。依托乡村振兴示范县、农业绿色发展先行区、现代农业示范区等，支持有条件的地方开展家庭农场示范县创建，探索系统推进家庭农场发展的政策体系和工作机制，促进家庭农场培育工作整县推进，整体提升家庭农场发展水平。（农业农村部牵头，林草局等参与）

（九）强化典型引领带动。及时总结推广各地培育家庭农场的好经验好模式，按照可学习、易推广、能复制的要求，树立一批家庭农场发展范例。鼓励各地结合实际发展种养结合、生态循环、机农一体、产业融合等多种模式和农林牧渔等多种类型的家庭农场。按照国家有关规定，对为家庭农场发展作出突出贡献的单位、个人进行表彰。（农业农村部牵头，人力资源社会保障部、林草局等参与）

（十）鼓励各类人才创办家庭农场。总结各地经验，鼓励乡村本土能人、有返乡创业意愿和回报家乡愿望的外出农民工、优秀农村生源大中专毕业生以及科技人员等人才创办家庭农场。实施青年农场主培养计划，对青年农场主进行重点培养和创业支持。（农业农村部牵头，教育部、科技部、林草局等参与）

（十一）积极引导家庭农场发展合作经营。积极引导家庭农场领办或加入农民合作社，开展统一生产经营。探索推广家庭农场与龙头企业、社会化服务组织的合作方式，创新利益联结机制。鼓励组建家庭农场协会或联盟。（农业农村部牵头，林草局等参与）

四、建立健全政策支持体系

（十二）依法保障家庭农场土地经营权。健全土地经营权流转服务体系，鼓励土地经营权有序向家庭农场流转。推广使用统一土地流转合同示范文本。健全县乡两级土地流转服务平台，做好政策咨询、信息发布、价格评估、合同签订等服务工作。健全纠纷调解仲裁体系，有效化解土地流转纠纷。依法保护土地流转双方权利，引导土地流转双方合理确定租金水平，稳定土地流转关系，有效防范家庭农场租地风险。家庭农场通过流转取得的土地经营权，经承包方书面同意并向发包方备案，可以向金融机构融资担保。（农业农村部牵头，人民银行、银保监会、林草局等参与）

（十三）加强基础设施建设。鼓励家庭农场参与粮食生产功能区、重要农产品生产保护区、特色农产品优势区和现代农业产业园建设。支持家庭农场开展农产品产地初加工、精深加工、主食加工和综合利用加工，自建或与其他农业经营主体共建集中育秧、仓储、烘干、晾晒以及保鲜库、冷链运输、农机库棚、畜禽养殖等农业设施，开展田头市场建设。支持家庭农场参与高标准农田建设，促进集中连片经营。（农业农村部牵头，发展改革委、财政部、林草局等参与）

（十四）健全面向家庭农场的社会化服务。公益性服务机构要把家庭农场作为重点，提供技术推广、质量检测检验、疫病防控等公益性服务。鼓励农业科研人员、农技推广人员通过技术培训、定向帮扶等方式，为家庭农场提供先进适用技术。支持各类社会化服务组织为家庭农场提供耕种防收等生产性服务。鼓励和支持供销合作社发挥自身组织优势，通过多种形式服务家庭农场。探索发展农业专业化人力资源中介服务组织，解决家庭农场临时性用工需求。（农业农村部牵头，科技部、人力资源社会保障部、林草局、供销合作总社等参与）

（十五）健全家庭农场经营者培训制度。国家和省级农业农村部门要编制培训规划，县级农业农村部门要制定培训计划，使家庭农场经营者至少每三年轮训一次。在农村实用人才带头人等相关涉农培训中加大对家庭农场经营者培训力度。支持各地依托涉农院校和科研院所、农业产业化龙头企业、各类农业科技和产业园区等，采取田间学校等形式开展培训。（农业农村部牵头，教育部、林草局等参与）

（十六）强化用地保障。利用规划和标准引导家庭农场发展设施农业。鼓励各地通过多种方式加大对家庭农场建设仓储、晾晒场、保鲜库、农机库棚等设施用地支持。坚决查处违法违规在耕地上进行非农建设的行为。（自然资源部牵头，农业农村部等参与）

（十七）完善和落实财政税收政策。鼓励有条件的地方通过现有渠道安排资金，采取以奖代补等方式，积极扶持家庭农场发展，扩大家庭农场受益面。支持符合条件的家庭农场作为项目申报和实施主体参与涉农项目建设。支持家庭农场开展绿色食品、有机食品、地理标志农产品认证和品牌建设。对符合条件的家庭农场给予农业用水精准补贴和节水奖励。家庭农场生产经营活动按照规定享受相应的农业和小微企业减免税收政策。（财政部牵头，水利部、农业农村部、税务总局、林草局等参与）

（十八）加强金融保险服务。鼓励金融机构针对家庭农场开发专门的信贷产品，在商业可持续的基础上优化贷款审批流程，合理确定贷款的额度、利率和期限，拓宽抵质押物范围。开展家庭农场信用等级评价工作，鼓励金融机构对资信良好、资金周转量大的家庭农场发放信用贷款。全国农业信贷担保体系要在加强风险防控的前提下，加快对家庭农场的业务覆盖，增强家庭农场贷款的可得性。继续实施农业大灾保险、三大粮食作物完全成本保险和收入保险试点，探索开展中央财政对地方特色优势农产品保险以奖代补政策试点，有效满足家庭农场的风险保障需求。鼓励开展家庭农场综合保险试点。（人民银行、财政部、银保监会牵头，农业农村部、林草局等参与）

（十九）支持发展“互联网+”家庭农场。提升家庭农场经营者互联网应用水平，推动电子商务平台通过降低入驻和促销费用等方式，支持家庭农场发展农村电子商务。鼓励市场主体开发适用的数据产品，为家庭农场提供专业化、精准化的信息服务。鼓励发展互联网云农场等模式，帮助家庭农场合理安排生产计划、优化配置生产要素。（商务部、农业农村部分别负责）

（二十）探索适合家庭农场的社会保障政策。鼓励有条件的地方引导家庭农场经营者参加城镇职工社会保险。有条件的地方可开展对自愿退出土地承包经营权的老年农民给予养老补助试点。（人力资源社会保障部、农业农村部分别负责）

五、健全保障措施

（二十一）加强组织领导。地方各级政府要将促进家庭农场发展列入重要议事日程，制定本地区家庭农场培育计划并部署实施。县乡政府要积极采取措施，加强工作力量，及时解决家庭农场发展面临的困难和问题，确保各项政策落到实处。（农业农村部牵头）

（二十二）强化部门协作。县级以上地方政府要建立促进家庭农场发展的综合协调工作机制，加强部门配合，形成合力。农业农村部门要认真履行指导职责，牵头承担综合协调工作，会同财政部门统筹做好家庭农场财政支持政策；自然资源部门负责落实家庭农场设施用地等政策支持；市场监管部门负责在家庭农场注册登记、市场监管等方面提供支撑；金融部

门负责在信贷、保险等方面提供政策支持；其他有关部门依据各自职责，加强对家庭农场支持和服务。（各有关部门分别负责）

（二十三）加强宣传引导。充分运用各类新闻媒体，加大力度宣传好发展家庭农场的重要意义和任务要求。密切跟踪家庭农场发展状况，宣传好家庭农场发展中出现的好典型、好案例以及各地发展家庭农场的好经验、好做法，为家庭农场发展营造良好社会舆论氛围。（农业农村部牵头）

（二十四）推进家庭农场立法。加强促进家庭农场发展的立法研究，加快家庭农场立法进程，为家庭农场发展提供法律保障。鼓励各地出台规范性文件或相关法规，推进家庭农场发展制度化和法制化。（农业农村部牵头，司法部等参与）

中央农村工作领导小组办公室
农业农村部　国家发展改革委
财政部　自然资源部　商务部
人民银行　市场监管总局　银保监会
全国供销合作总社　国家林草局
2019 年 8 月 27 日

附录3　农业农村部关于实施新型农业经营主体提升行动的通知

为深入贯彻中央农村工作会议、2022年中央1号文件精神，按照《农业农村部关于落实党中央国务院2022年全面推进乡村振兴重点工作部署的实施意见》要求，加快推动新型农业经营主体高质量发展，决定实施新型农业经营主体提升行动，现就有关事项通知如下。

一、总体要求

（一）指导思想。以习近平新时代中国特色社会主义思想为指导，以加快构建现代农业经营体系为主线，以内强素质、外强能力为重点，突出抓好农民合作社和家庭农场两类农业经营主体发展，着力完善基础制度、加强能力建设、深化对接服务、健全指导体系，推动由数量增长向量质并举转变，为全面推进乡村振兴、加快农业农村现代化提供有力支撑。

（二）主要目标。力争到“十四五”期末，农民合作社规范管理和财务会计、家庭农场“一码通”管理和规范运营、新型农业经营主体指导服务体系等五项管理服务制度更加健全；新型农业经营主体融合发展、稳粮扩油、参与乡村建设、带头人素质和合作社办公司等五方面能力全面提升；新型农业经营主体辅导员队伍建设、服务中心创建、试点示范等三项指导服务机制全面建立。县级及以上示范社、示范家庭农场分别达到20万家，适应新型农业经营主体发展需求的县乡基层指导服务体系基本建立，全国新型农业经营主体辅导员名录库入库辅导员超过3万名，创建一批新型农业经营主体服务中心。新型农业经营主体发展质量效益稳步提升、服务带动效应显著增强，基本形成以家庭经营为基础、新型农业经营主体为依托、社会化服务为支撑的现代农业经营体系，促进小农户和现代农业发展有机衔接。

二、完善基础制度，提升规范运营水平

（三）建立农民合作社规范管理长效机制。完善章程制度，加强对农

民合作社发起成立阶段的辅导，指导农民合作社参照示范章程制定符合自身特点的章程。健全组织机构，指导农民合作社依法建立成员（代表）大会、理事会和监事会并认真履行职责。规范利益分配，指导农民合作社建立合理的收益分配制度，强化同成员的利益联结。加强登记管理，引导农民合作社按照市场主体登记管理条例规定，按时完成年报公示、信息变更登记，推动建立畅通便利的市场退出机制。加强农业农村领域非法集资的风险排查、监测预警和宣传教育，防范以农民合作社名义开展非法集资活动。

（四）健全农民合作社财务和会计制度。指导农民合作社执行合作社财务制度和会计制度，健全内控制度，加强财务管理和会计核算。遴选推介一批与合作社财务制度和会计制度配套衔接、使用便捷、服务便利的财务管理软件。鼓励农民合作社按照规定委托代理记账。

（五）建立家庭农场“一码通”管理服务机制。依托全国家庭农场名录系统实行家庭农场名录管理制度，开展家庭农场统一赋码工作，确立家庭农场唯一标识数字码和二维码，叠加家庭农场生产经营、产品品牌、商誉信用等信息，实现家庭农场管理服务数字化。在确保数据安全的前提下，向消费者、上下游企业、金融保险机构等推送家庭农场二维码，为家庭农场产品销售、品牌推广、贷款保险等提供便利服务。

（六）建立家庭农场规范运营制度。组织开发家庭农场“随手记”记账软件，免费提供给家庭农场使用，实现家庭农场生产经营数字化、财务收支规范化、销量库存即时化。

（七）建立健全新型农业经营主体指导服务体系。通过政府引导和市场主导相结合，构建由“辅导员＋服务中心”组成的新型农业经营主体指导服务体系，区别不同地区、发展阶段和产业基础，强化分类指导，增强指导服务的针对性和有效性。

三、加强能力建设，增强支撑产业功能

（八）培养新型农业经营主体带头人。农业农村部将依托“耕耘者”振兴计划、乡村产业振兴带头人培育“头雁”项目，每年培育3.5万名新型农业经营主体带头人带动产业发展；实施高素质农民培育计划，面向家庭农场主、农民合作社带头人开展全产业链培训。各地要分层分类开展新

型农业经营主体带头人培训，分级建立带头人人才库，加强对青年农场主的培养和创业支持。鼓励返乡下乡人员创办农民合作社，支持发展到一定规模的农民合作社探索决策权与经营权分离，引入职业经理人，提升经营管理水平。

（九）促进主体融合发展。鼓励有长期稳定务农意愿的农户适度扩大经营规模，成长为家庭农场。引导以家庭农场为主要成员联合组建农民合作社，开展统一生产经营服务。在产业基础薄弱、主体发育滞后、农民组织化程度低的地区，鼓励村党支部领办农民合作社，聚集人才、资源优势发展特色产业。支持农民合作社依法自愿兼并、合并或组建联合社，鼓励新型农业经营主体组建行业协会或联盟，形成规模优势，增强市场竞争力和抗风险能力。引导各类主体加强联合合作，建立紧密的利益联结和组织机制，发挥小农户、家庭农场的生产主体作用和农民合作社的组织平台功能，加快构建主体多元、功能互补、运行高效的现代农业产业组织体系。

（十）推动农民合作社办公司。鼓励农民合作社根据发展需要，采取出资新设、收购或入股等形式办公司，以所办公司为平台整合资源要素、延长产业链条、提升经营效益。引导农民合作社与所办公司独立核算，明晰产权关系，合理分配利益，确保可持续发展。各地要加强农民合作社办公司观察点跟踪调研、观摩交流和经验总结推广。

（十一）开展大豆油料扩种专项工作。大豆油料扩种省份要择优遴选种植规模大、技术装备适宜、带动能力强的农民合作社、家庭农场和社会化服务组织作为重点主体，鼓励其积极承担大豆油料扩种任务，开展大豆玉米带状复合种植。引导技术、人才、资金、装备等要素向重点主体集聚，对重点主体辅导服务全覆盖、相关示范创建名额倾斜支持。

（十二）参与乡村发展和乡村建设。鼓励新型农业经营主体发展新产业新业态，由种养业向产加销一体化拓展。支持县级及以上示范社和示范家庭农场建设农产品仓储保鲜冷链设施，改善生产条件。支持符合条件的新型农业经营主体参与乡村建设，承担土地整治、高标准农田建设、小型农田水利工程等项目实施和农村基础设施运行维护。

四、深化社企对接，激发主体发展活力

（十三）扩大对接合作范围。鼓励各地引入信贷、保险、科技、物流、

网络零售、农产品加工等各类优质企业，面向新型农业经营主体提供覆盖全产业链条的服务和产品，实现优势互补、合作共赢。推进经营主体数据资源共享，鼓励企业把试验示范园区、技术推广中心、直采供应基地等建在新型农业经营主体，促进社企对接服务下沉。

（十四）遴选社企对接重点县。在粮食主产省和大豆油料扩种地区，遴选150个左右社企对接重点县，跟进配套指导服务，向粮油类农民合作社和家庭农场提供产销渠道支持、寄递资费优惠、加大授信、品种筛选、数字农业、烘干仓储、品控溯源等综合服务。

五、建立健全指导服务体系，推进服务规范化便利化

（十五）创新新型农业经营主体辅导员选聘机制。在依托基层农经队伍发展辅导员的基础上，鼓励各地面向乡土专家、大学生村官、企业和社会组织经营管理人员、示范社带头人、示范家庭农场主等选聘辅导员，细化辅导员工作职责。各地要加强辅导员岗位培训，通过指导技能大赛、优秀辅导员年度评优等方式，推动辅导员专业化规范化发展。

（十六）实施“千员带万社”行动。利用三年时间，平均每个省份培养1 000名左右优秀辅导员，为1万家新型农业经营主体提供点对点指导服务。建立全国新型农业经营主体辅导员名录库，根据辅导员工作质量，实行绩效评价、动态管理。

（十七）创建新型农业经营主体服务中心。鼓励各地采取购买服务、挂牌委托等方式，遴选有意愿、有实力的农民合作社联合社、涉农服务企业或社会组织承建新型农业经营主体服务中心，为新型农业经营主体提供政策咨询、运营指导、财税代理服务。各地可以依据服务质量、主体满意度等，探索建立服务中心备案管理、监督考核、动态调整等机制。

（十八）强化试点示范引领。扎实开展农民合作社质量提升整县推进试点，围绕发展壮大单体合作社、促进联合与合作、提升县域指导服务能力，形成农民合作社高质量发展县域样板。深入开展国家、省级、市级、县级农民合作社示范社四级联创，创建示范家庭农场，加强动态监测。持续开展农民合作社和家庭农场典型案例征集，加大宣传推介力度，引领新型农业经营主体因地制宜探索发展模式。

各级农业农村部门要高度重视培育发展新型农业经营主体，结合实际抓紧制定具体落实方案，明确责任分工，确保支持新型农业经营主体发展的各项举措落实落地。要加强调查研究，对新情况新问题及时向农业农村部农村合作经济指导司报告。

农业农村部

2022 年 3 月 23 日

附录 4　农业农村部办公厅关于全面实行家庭农场“一码通”管理服务制度的通知

各省、自治区、直辖市及计划单列市农业农村（农牧）厅（局、委）：

贯彻落实中央农村工作会议、2023 年中央 1 号文件以及农业农村部 1 号文件关于支持发展家庭农场的部署要求，为激发家庭农场发展活力，提升家庭农场管理服务信息化水平，在总结前期试点经验基础上，决定全面实行家庭农场“一码通”管理服务制度，深入开展家庭农场“一码通”赋码工作。现就有关事项通知如下。

一、准确把握家庭农场“一码通”赋码的总体要求

（一）赋码对象。家庭农场“一码通”是农业农村部对全国家庭农场赋予、归集展示家庭农场信息、作为家庭农场纳入全国家庭农场名录系统（以下简称“名录系统”）管理的唯一标识。赋码工作依托名录系统开展，纳入名录系统且完成上年度数据信息更新的家庭农场，均可提出赋码申请。

（二）赋码规则。家庭农场“一码通”编码由数字码和二维码共同组成。其中，数字码参照统一社会信用代码编码规则，由十八位的大写英文字母和阿拉伯数字组成；二维码内置互联网链接，链接名录系统中家庭农场相关信息。家庭农场“一码通”赋码事项包括家庭农场名称、地址、示范创建类别、主营类型、注册商标、农产品质量安全认证情况等。家庭农场“一码通”编码具有唯一性，一经赋予，在该家庭农场存续期间保持不变。

（三）赋码管理部门。县级农业农村部门负责本辖区家庭农场“一码通”的业务管理工作，要切实履行职责，认真审核家庭农场的赋码申请和相关数据信息，符合赋码条件的及时赋码。

二、认真做好家庭农场“一码通”赋码的重点工作

（一）积极引导家庭农场申请赋码。家庭农场可通过“新型农业经营

主体管理系统”微信小程序，进入全国家庭农场“一码通”赋码申请系统，按照提示依次进行实人认证、账号绑定、申请赋码操作，并自主选择“一码通”赋码事项。各级农业农村部门要结合实施新型农业经营主体提升行动，多渠道、多形式加大“一码通”赋码宣传力度，引导家庭农场申请赋码，向社会展示自身良好形象。

（二）严格审核赋码。各级农业农村部门要确定名录系统管理员专门负责名录系统管理和家庭农场“一码通”赋码工作。县级管理员应当及时登录名录系统，通过“赋码管理”模块处理赋码申请，点击“赋码审核”查看家庭农场信息，认真审核确定是否赋码。对于审核不通过的，应当清晰完整输入理由，以便家庭农场进一步完善赋码申请。省级管理员要定期登录名录系统，掌握本省份家庭农场赋码工作动态，督促做好县级赋码。

（三）下载使用“一码通”编码。家庭农场可以通过“新型农业经营主体管理系统”微信小程序，点击“我的农场”模块，查看家庭农场信息及赋码状态。赋码申请通过审核后，可以查看、下载“一码通”编码，并根据生产经营需要加以应用。

（四）及时更新名录系统数据。家庭农场生产经营信息发生变更的，应当及时登录名录系统更新相关数据信息，并于每年 2 月底前完成上年度生产经营数据更新，确保“一码通”编码关联信息真实准确。

三、努力提升家庭农场管理服务水平

（一）加强名录管理。各级农业农村部门要按照《家庭农场“一码通”管理服务制度》（见附件 1）的有关规定，切实做好本地区家庭农场“一码通”管理服务工作，对符合条件的家庭农场实现名录系统应录尽录，有效提升家庭农场管理服务信息化水平。

（二）加强“一码通”推广应用。各级农业农村部门要引导家庭农场积极用码，供消费者便捷获取家庭农场及产品信息，实现家庭农场直接获客。要积极拓展家庭农场“一码通”应用领域场景，利用社企对接、政银合作等机制，向农业产业链上下游市场主体、金融保险机构等集成推送家庭农场“一码通”编码，便利其与家庭农场开展业务合作，为家庭农场提供精准服务。

联系人及电话：农业农村部农村合作经济指导司孙少磊，010－59192030；名录系统技术支持电话：010－59195333。

农业农村部办公厅

2023 年 3 月 9 日

附录5　家庭农场“一码通”管理服务制度

第一章　总　　则

第一条　贯彻落实党中央、国务院关于发展新型农业经营主体的决策部署，为提升家庭农场管理服务信息化水平，推动家庭农场高质量发展，制定本制度。

第二条　本制度所指家庭农场，是指以家庭经营为基本单元，以农场生产经营为主业，以农场经营收入为家庭主要收入来源，从事农业规模化、标准化、集约化生产经营的新型农业经营主体。

第三条　家庭农场“一码通”是农业农村部对全国家庭农场赋予、归集展示家庭农场信息、作为家庭农场纳入全国家庭农场名录系统（以下简称“名录系统”）管理的唯一标识。家庭农场“一码通”管理服务依托名录系统开展，实行信息化管理，实现数据信息联动。

第二章　名录管理

第四条　家庭农场实行名录管理，坚持主体自愿、应录尽录、动态管理的原则。录入名录系统的家庭农场应当符合所在地农业农村部门规定的家庭农场具体条件。

第五条　鼓励符合条件的家庭农场自主登录名录系统，成为注册用户，填报生产经营数据，并对所填报信息的真实性、准确性负责。县级和乡镇农业农村部门为家庭农场完成名录系统录入提供指导和帮助。

第六条　实行名录系统数据信息年度更新，家庭农场应当在每年2月底前完成上年度名录系统数据信息更新。

第七条　县级农业农村部门应当加强对家庭农场的数据信息审核，检查家庭农场数据信息的完整性和及时性。发现家庭农场名录系统数据信息不准确、不完整的，应当及时指导家庭农场予以更正、完善。

第八条　家庭农场因经营情况发生变化等不再符合名录管理要求的，县级农业农村部门应当在核实无误后将其从名录系统中移除。

第九条 家庭农场有下列情形之一的，县级农业农村部门应当将其列入经营异常名单：

（一）未在规定时限内完成名录系统信息更新；

（二）故意提供虚假信息；

（三）被列入国家企业信用信息公示系统经营异常名录或失信名单；

（四）发生其他违反法律、法规等规定的行为。

第十条 县级农业农村部门应当及时将列入经营异常名单情况告知家庭农场，对因第九条第（一）项原因被列入经营异常名单的家庭农场，在完成信息更新后即可移出经营异常名单；因第九条第（二）、（三）、（四）项原因被列入经营异常名单的家庭农场，在相关情形消除后，可以向县级农业农村部门申请移出经营异常名单。

第三章 赋码管理

第十一条 家庭农场“一码通”赋码链接名录系统信息，实行“一场一码、一码关联”。

第十二条 家庭农场“一码通”编码由数字码和二维码共同组成。

（一）数字码。参照统一社会信用代码编码规则，由十八位的大写英文字母和阿拉伯数字组成，包括第 1 位农业农村部门代码（N）、第 2 位家庭农场代码（J）、第 3—8 位家庭农场所在的县级行政区划代码、第 9—17 位家庭农场标识码、第 18 位校验码五个部分。在名录系统登录页面设置数字码查询入口。

（二）二维码。包含家庭农场基本情况、经营规模、商标和产品质量认证等信息，内置互联网链接，通过扫描二维码可读取查询相关信息。

第十三条 家庭农场“一码通”由家庭农场自愿提出赋码申请，通过“新型农业经营主体管理系统”微信小程序，进入“全国家庭农场‘一码通’赋码申请系统”，按照提示依次进行实人认证、账号绑定、申请赋码操作，并自主选择“一码通”所链接的信息内容。

第十四条 县级农业农村部门负责“一码通”赋码申请审核和赋码，登录名录系统“赋码管理”模块，查看申请信息并进行审核操作。对于赋码审核不通过的，应当手动输入相应的理由。各级农业农村部门不得以任何理由向家庭农场收取办理赋码费用。

第十五条　家庭农场“一码通”编码具有唯一性，一经赋予，在该家庭农场存续期间保持不变。家庭农场生产经营信息发生变更的，应当及时登录名录系统更新数据信息，“一码通”编码信息自动关联更新。

第十六条　被列入经营异常名单的家庭农场，其“一码通”编码停用，待该家庭农场移出经营异常名单并经审核后恢复。被从名录系统中移除的家庭农场，其“一码通”编码作废，作废编码不再使用。

第四章　数据管理服务

第十七条　各级农业农村部门要组织引导符合条件的家庭农场纳入名录系统管理，及时更新名录系统信息，积极申请“一码通”赋码，为做好家庭农场指导服务工作提供有效数据支撑。

第十八条　鼓励家庭农场积极应用“一码通”赋码，可以通过在产品外包装上增印“一码通”编码、亮码经营等方式，供消费者和合作方便捷获取家庭农场及产品信息，提升家庭农场信誉度和知名度。

第十九条　名录系统数据库由农业农村部委托有关单位集中统一管理，确保信息安全。各级农业农村部门应当建立名录系统数据使用审批制度，在确保数据安全的基础上，通过集成推送等方式，为家庭农场搭建公共服务平台，提供便利服务。

第五章　附　　则

第二十条　省级农业农村部门可依据本制度，制定家庭农场“一码通”管理服务实施细则。

第二十一条　本制度由农业农村部农村合作经济指导司负责解释，自公布之日起施行。

家庭农场“一码通”编码（样码）

NJ411481D8X00MENW8

附录 6　家庭农场“一码通”赋码申请与审核流程

一、家庭农场申请赋码

申请“一码通”赋码的前提是必须纳入全国家庭农场名录系统，且完成上年度数据信息更新的家庭农场（注：未纳入名录系统的、名录管理显示“待完善”状态的、被列入经营异常名单的家庭农场，按提示修改完善信息后，方可申请赋码）。家庭农场主通过微信搜索小程序“新型农业经营主体管理系统”，进入后点击“全国家庭农场‘一码通’管理服务系统”。

具体操作流程如下：

第一步，实人认证。通过“实人认证”模块输入家庭农场主本人姓名、身份证号，并按照操作提示进行人脸识别，确认用户身份。

第二步，信息绑定。通过“账号绑定”模块绑定家庭农场信息，已经录入名录系统的，可输入身份证号（注：必须和第一步实人认证、名录系

统录入农场信息里的身份证号一致，否则无法完成）进行绑定；已注册名录系统账号的，也可输入账号信息进行绑定。

第三步，申请赋码。通过“申请赋码”模块申请赋码，根据家庭农场

需要，设置默认信息和可选择信息两大类信息，允许家庭农场自主选择“一码通”所链接的信息内容。其中，家庭农场名称、地址、示范创建类别、主营类型、注册商标、农产品质量安全认证等基本信息为默认选择信息；家庭农场主姓名、手机号码、经营面积、粮食作物种植面积、年经营收入、是否购买农业保险等信息可手动勾选。勾选完成后，进行个人信息授权和承诺，再提交申请。支持上传家庭农场相关图片，如农产品、包装产品、经营场所、资质证书等，最多上传四张。（注：避免泄漏个人信息，不要上传身份证等涉及个人隐私信息的图片）

提交申请后，等待县级管理员审核。

第四步，完成赋码。在“我的农场”可查看家庭农场信息、审核状态及赋码状态。赋码申请通过审核后，在“我的农场”模块可查看、下载二

维码和复制数字码，扫描二维码或查询数字码即可查看家庭农场信息，名录系统登录页面提供数字码直接查询入口。审核未通过的，可完善信息后在“我的农场”中重新发起申请。已完成赋码的家庭农场可在“我的农场”修改公开信息选项、图片等，修改后需重新提交审核。

二、赋码审核

县级管理员通过电脑端登录名录系统，进入“赋码管理”模块。点击“赋码审核”，可查看待审核家庭农场信息，认真进行审核操作，审核不通过的，需手动输入理由；点击“赋码查询”，可查看、批量下载已赋码的家庭农场二维码和数字码。

三、注意事项

1. 必须家庭农场主本人实人认证，没有智能手机或者不会操作的可以找人协助；因为小程序与微信之间有绑定关系，找人协助的，协助人可帮助申请人同时注册微信，再完成赋码申请，避免出现申请人的赋码信息绑定到协助人微信上的情况。

2. 第二步绑定信息时，支持身份证号码和名录系统账号，可以切换。

3. 申请赋码前，家庭农场需确定已经纳入名录系统且完成上年度数据信息更新，否则会提示没有农场数据或者在第三步提交申请时提示“请完善信息”。

四、技术咨询电话

农业农村部大数据发展中心：赵　猛 13526490478
郭　帅 15378708516
王纪峰 18515588863

后　　记

本教材由农业农村部管理干部学院农民合作社发展中心（家庭农场发展中心）骨干教师分工编写。第 1 章家庭农场概述由张晓爽负责，第 2 章家庭农场的登记管理与破产清算由孙超超负责，第 3 章家庭农场的支持政策由杨艳文负责，第 4 章家庭农场的创新发展由邵科负责，第 5 章家庭农场的财务管理由周忠丽负责，第 6 章家庭农场的人才培养由康晨远负责，第 7 章家庭农场的国际经验由曹曦东负责。于占海、邵科和张晓爽对全文进行了统稿和校对，杨钢和杨佳雯协助核对了全文文字。

家庭农场的生产经营活动正在广泛而生动地实践中，家庭农场的政策也在持续完善。由于相关政策、经验等把握上的局限性，本教材难免存在一些不足和错误。我们恳请广大的家庭农场实践者、管理者、服务者和研究者不吝赐教，予以指正，以利我们进一步做好家庭农场发展辅导、服务工作。

本书编写组

2023 年 7 月

图书在版编目（CIP）数据

家庭农场经营管理实务 / 中共农业农村部党校，农业农村部管理干部学院编著. —北京：中国农业出版社，2023.10（2024.3 重印）
ISBN 978-7-109-31273-9

Ⅰ.①家… Ⅱ.①中… ②农… Ⅲ.①家庭农场—农场管理—中国 Ⅳ.①F324.1

中国国家版本馆 CIP 数据核字（2023）第 202659 号

中国农业出版社出版
地址：北京市朝阳区麦子店街 18 号楼
邮编：100125
责任编辑：张丽四
版式设计：王　晨　　责任校对：吴丽婷
印刷：北京中兴印刷有限公司
版次：2023 年 10 月第 1 版
印次：2024 年 3 月北京第 2 次印刷
发行：新华书店北京发行所
开本：700mm×1000mm　1/16
印张：9
字数：160 千字
定价：28.00 元
